ENCYCLOPÉDIE DE CHIMIE INDUSTRIELLE

SAVONS ET BOUGIES

LIBRAIRIE J.-B. BAILLIÈRE ET FILS

PAUL PUGET

Ingénieur chimiste E. C. P., Professeur à l'École supérieure
de Commerce de Nantes.

----★----

SAVONS ET BOUGIES

----•----

Avec 79 figures intercalées dans le texte

SAVONS

Notions générales sur les matières grasses,
savons et bougies.
Décomposition des corps gras neutres. Glycérine.
Savons durs, savons mous.
Savons de toilette,
Savons industriels, médicinaux et vétérinaires.
Analyse des savons.

BOUGIES

Considérations générales.
Acide stéarique, acide palmitique. Fonte des suifs.
Séparation des acides gras concrets
des acides gras liquides.
Fabrication et analyse des bougies.

La Savonnerie et la Stéarinerie,
par A. Haller.

PARIS

LIBRAIRIE J.-B. BAILLIÈRE ET FILS
Rue Hautefeuille, 19, près du boulevard Saint-Germain.

1907

Les Produits chimiques employés en médecine, *chimie analytique et fabrication industrielle*, par A. TRILLAT. Introduction par P. SCHUTZENBERGER, de l'Institut. 1894, 1 vol. in-16 de 415 pages, avec 67 figures, cartonné .... 5 fr.

Quatre chapitres sont consacrés à la classification des *antiseptiques*, à leur constitution chimique, à leurs procédés de préparation et à la détermination de la valeur d'un produit médicinal. Vient ensuite une classification rationnelle des produits médicaux, dérivés de la *série grasse* et de la *série aromatique*. Pour chaque substance on trouve : la constitution chimique, les procédés de préparation, les propriétés physiques, chimiques et physiologiques et la forme sous laquelle elle est employée.

Le Pétrole, exploitation, raffinage, éclairage, chauffage, force motrice, par A. RICHE, directeur des essais à la Monnaie et G. HALPHEN, chimiste du Ministère du commerce. 1896, 1 vol. in-16 de 484 pages, avec 114 figures, cartonné.................... 5 fr.

Gisements et méthode d'extraction et de raffinage, procédés suivis en Amérique, en Russie, en France et en Autriche-Hongrie, pour la séparation et la purification des essences, huiles lampantes, huiles lourdes, paraffines et vaselines.

Applications : éclairage et chauffage ; production d'énergie mécanique ; lubrification. Qualités des différentes huiles et méthodes d'essai.

Verres et Émaux, par L. COFFIGNAL, ingénieur des arts et manufactures. 1 vol. in-16 de 332 pages, avec 129 figures, cartonné.................... 5 fr.

La première partie du livre de M. Coffignal est consacrée aux *Verres*. Composition, propriétés physiques et chimiques et analyse des verres, des fours de fusion, produits réfractaires et préparation des pâtes, procédés de façonnage du verre, produits spéciaux, et compositions vitrifiables : verres solubles, verres de Bohême, cristal, verres d'optique, décoration du verre.

La deuxième partie est consacrée aux *Émaux et glaçures*. Composition, matières premières et propriétés des glaçures, fabrication et pose des glaçures, emploi des émaux.

Technologie de la Céramique, par E.-S. AUSCHER, ingénieur des arts et manufactures. 1901, 1 vol. in-16, avec 93 figures, cartonné.................... 5 fr.

Classification des poteries. — Argiles, feldspaths, kaolins, quartz, craie, pâtes et couvertes, outillage céramique, préparation des pâtes, façonnage des pièces, préparation des couvertes et émaux, émaillage, séchage et cuisson, encastage, enfournement, fours sans foyer, — à foyers, — à gazogènes; moufles, fours d'essais, décoration des poteries, décors de grand feu et au feu de moufle, colorants céramiques.

Les Industries céramiques, par E.-S. AUSCHER. 1901, 1 vol. in-16, avec 53 figures, cartonné.................... 5 fr.

Histoire de la céramique. — Poteries non vernissées poreuses. — Terres cuites. — Briques. — Tuiles. — Tuyaux. — Jarres. — Cuviers. — Alcarazzas. — Pots à fleurs. — Pipes en terre. — Filtres. — Carreaux. — Poteries vernissées à pâte poreuse. — Poteries lustrées. — Faïences stannifères. — Majoliques. — Faïences à vernis transparents. — Couvertes. — Faïences fines. — Poteries vernissées à pâte non poreuse. — Grès. — Porcelaines. — Porcelaines dures. — Porcelaines de Sèvres. — Porcelaines ordinaires. — Porcelaines orientales. — Porcelaines tendres. — Poteries non vernissées à pâte non poreuse. — Biscuits.

L'Industrie agricole, par F. CONVERT, professeur à l'Institut agronomique. 1901. 1 vol. in-16 de 443 pages, cart.. **5 fr.**

Climat, sol, population de la France.
Les céréales et la pomme de terre. — Le blé. — Pays exportateurs. — Législation. — La farine, le pain, le son. — Le seigle, l'avoine, l'orge, le maïs. — La pomme de terre, les légumineuses alimentaires.
Les plantes industrielles. — Les betteraves à sucre et l'industrie de la sucrerie. — La betterave de distillation et l'alcool. — Les plantes oléagineuses et textiles. — Le houblon, la chicorée à café, le tabac. — La viticulture. — Les vins étrangers, les vins de raisins secs. — L'olivier.
Le bétail et ses produits. — Les espèces chevaline, bovine, ovine, porcine. — Le lait, le beurre et le fromage. — La viande de boucherie. — Le commerce extérieur du bétail. — La laine et la soie. — La production agricole de la France.

Précis de Chimie agricole, par EDOUARD GAIN, maître de conférences à la Faculté des Sciences de Nancy, 1895, 1 vol. in-16 de 436 pages, avec 93 figures, cartonné.................... **5 fr.**

Après avoir étudié le principe général de la nutrition des végétaux, l'auteur trace rapidement l'historique des différentes doctrines relatives à l'alimentation des plantes. Abordant ensuite la physiologie générale de la nutrition, il passe en revue les rapports de la plante avec le sol et l'atmosphère, les fonctions de nutrition, le chimisme dynamique et le développement des végétaux. La deuxième partie traite de la composition chimique des plantes. La troisième est consacrée à la fertilisation du sol par les engrais et les amendements. La quatrième comprend la chimie des produits agricoles.

Analyse et Essais des Matières agricoles, par A. VIVIER, directeur de la Station agronomique et du Laboratoire départemental de Melun. 1897, 1 vol. in-16 de 470 pages, avec 88 figures, cartonné.................... **5 fr.**

L'auteur indique les *méthodes générales de séparation et de dosage des éléments les plus importants dans les engrais, dans les sols et dans les plantes.*
Il étudie *l'analyse des engrais et des amendements*, et à propos des *engrais commerciaux*, des exigences des plantes, ainsi que des conditions d'emploi des engrais dans les différents sols et pour les différentes cultures. Vient ensuite l'*analyse du sol* et celle des *roches*. *L'analyse des eaux*, les méthodes générales applicables à l'analyse des matières végétales et animales. Enfin, M. Vivier indique *l'application de ces méthodes aux cas particuliers, fourrages, matières premières végétales des industries agricoles, produits et sous-produits de ces industries*, etc.

Le Pain et la Panification, *chimie et technologie de la boulangerie et de la meunerie*, par L. BOUTROUX, professeur de chimie à la Faculté des Sciences de Besançon, 1897, 1 vol. in-16 de 358 pages, avec 57 figures, cartonné.................... **5 fr.**

Dans une première partie, M. Boutroux étudie la farine. La seconde partie est consacrée à la transformation de la farine en pain. Etude théorique de la fermentation panaire, opérations pratiques de la panification usuelle, procédés de panification employés en France ou à l'étranger. Composition chimique du pain et opérations par lesquelles le chimiste peut en apprécier la qualité ou y déceler les fraudes. Au point de vue de l'hygiène, valeur nutritive du pain en général et des diverses sortes de pain.

Le Tabac, culture et industrie, par ÉMILE BOUANT, agrégé des Sciences physiques. 1901, 1 vol. in-16, 347 pages, avec 104 figures, cartonné.................... **5 fr.**

Historique. — Culture. — Technologie. — Matières premières. — Fabrication des scaferlatis. — Cigarettes. — Cigares. — De la poudre. — Des tabacs à mâcher. — Économie politique et hygiène.

J.-B. BAILLIÈRE ET FILS, 19 RUE HAUTEFEUILLE A PARIS

PRÉFACE

Les industries de la savonnerie et de la fabrication des bougies sont classées à juste titre parmi les grandes industries à cause de l'importance des matières et des capitaux qu'elles mettent en œuvre. Malgré la concurrence que font au savon les nombreux produits tels que les cristaux, les lessives en paquets, les eaux de Javel, etc., sa fabrication ne diminue pas, tendant plutôt à augmenter; ceci tient au développement, si prôné à juste titre, des habitudes de propreté et d'hygiène pour lesquelles le savon est une nécessité.

L'industrie des bougies stéariques, un peu plus atteinte par l'emploi, de plus en plus répandu pour l'éclairage, des pétroles, alcools dénaturés, gaz, électricité, etc., continue néanmoins à être très importante grâce à la disparition presque complète des chandelles de suif et au développement du luxe et du bien-être, qui se porte sur l'éclairage comme sur toutes choses.

Dans ce livre, nous nous sommes efforcé d'exposer d'une façon claire et précise les différentes transformations que subissent les matières premières en suivant autant que possible l'ordre des opérations.

Après avoir donné dans le premier chapitre quelques notions générales sur les *matières grasses*, les *savons* et les *bougies*, nous présentons dans le chapitre deuxième l'étude des principales *matières employées en savonnerie et stéarinerie* (matières grasses, résines, soudes, potasses, chaux, sel marin, etc.), ainsi que les principaux procédés d'analyse employés pour reconnaître leur pureté. Le chapitre troisième traite des différents *procédés d'extraction de la glycérine des huiles* (opération précédant la fabrication des savons ou celle des bougies), ainsi que de diverses autres questions intéressant cet article.

Avec le chapitre quatrième nous passons à la *fabrication des savons durs* (de ménage), que nous suivons depuis le mélange en chaudière des matières premières jusqu'à la mise en caisses après frappage, estampage, etc.

Le chapitre cinquième traite des *savons mous* (à la potasse).

Dans le chapitre sixième se trouve exposée la *fabrication des savons de toilette,* pour lesquels la France a une si juste renommée. On y a beaucoup insisté sur la fabrication mécanique des savons de qualité supérieure avec tous les perfectionnements récemment apportés (étuvage, pelotage, boudinage, frappage, etc.).

Le chapitre septième donne au lecteur des indications sur le mode de *fabrication des principaux savons spéciaux, industriels, médicaux et vétérinaires.*

Enfin, pour terminer la question des savons, on trouve dans le chapitre huitième les principaux *procédés d'analyse des savons* qui sont absolument nécessaires à connaître pour pouvoir bien conduire leur fabrication.

Dans le chapitre neuvième, qui traite de la **fabrication des bougies,** on passe en revue les différentes opérations que subit la matière grasse déglycérinée jusqu'au moment où les bougies sont mises en paquets et en caisses : *séparation des acides gras concrets des acides gras fluides, distillation, cristallisation et moulage des acides gras, rognage, lustrage et estampage des bougies.*

Ce livre est fait pour permettre à l'Industriel d'avoir tous les renseignements nécessaires sur les produits qu'il fabrique ; il permettra aussi au commerçant de se rendre compte plus aisément de la nature des produits qu'il vend.

Ingénieur depuis une dizaine d'années dans une importante savonnerie, j'ai pu apprécier la valeur des différents procédés indiqués dans ce livre, en mettant de côté ceux qui ne me paraissaient pas présenter des résultats suffisants.

M. A. HALLER, membre de l'Institut (Académie des sciences), a bien voulu m'autoriser à reproduire ici les pages consacrées à la Savonnerie et à la Stéarinerie dans ses *Études sur les Industries chimiques et pharmaceutiques à l'Exposition de* 1900. Je lui adresse mes bien sincères remerciements.

PAUL PUGET,

Ingénieur des Arts et Manufactures, professeur à l'École
supérieure de Commerce de Nantes.

SAVONS ET BOUGIES

CHAPITRE I

NOTIONS GÉNÉRALES SUR LES MATIÈRES GRASSES LES SAVONS ET LES BOUGIES

Les corps gras appartiennent aux différents règnes de la nature, minéral, végétal et animal. Les corps gras minéraux portent le nom de carbures d'hydrogène et n'entrent pas dans le cadre de cet ouvrage.

Les corps gras végétaux ou animaux sont onctueux au toucher; ils tachent le papier en le rendant diaphane, sont solubles dans les dissolvants (benzine, éther, sulfure de carbone, etc.); plus ou moins dans l'alcool, mais non dans l'eau. La chaleur les fluidifie.

Ils se distinguent des hydrocarbures, avec qui ils ont un grand nombre de **propriétés communes,**

en ce qu'ils sont composés de carbone, hydrogène et oxygène, tandis que ces derniers ne
contiennent que du carbone et de l'hydrogène.

Benzine C^6H^6 (carbure aromatique)
Méthane (CH^4) (carbure forménique)

Pendant longtemps on n'eut que des notions
assez vagues sur leur composition ; ce furent
Chevreul (1812), puis ensuite Berthelot qui en
déterminèrent la nature chimique. Ce sont des
corps neutres appartenant à la famille chimique
des corps appelés éthers, c'est-à-dire constitués
par la combinaison d'acides avec un alcool avec
élimination d'eau. Le chlorure d'éthyle ou éther
chlorhydrique est obtenu par l'action de l'acide
chlorhydrique sur l'alcool ordinaire ou éthylique,
de même pour les autres éthers, etc.

Les principaux éthers gras sont la stéarine,
la margarine, la palmitine, l'oléine, la buty-
rine, etc., constitués par la combinaison des
différents acides gras correspondants (stéarique,
margarique, palmitique, oléique, etc.), avec un
alcool, la glycérine.

Tous ces corps gras, chauffés à une température élevée, subissent une sorte de décomposition
et donnent lieu à la formation d'acide formique,

acide acétique et un peu d'acroléine formée par oxydation de la glycérine (odeur piquante, désagréable). Cette acroléine est formée par la soustraction de deux molécules d'eau à la glycérine dans le sens de l'équation ci-dessous :

$$
\begin{array}{ccc}
\overbrace{\text{Glycérine}} & & \overbrace{\text{Acroléine}} \\[4pt]
CH^2 - OH & & CH^2 \\
| & & \| \\
CH , OH & - & CH + H^2O \\
| & & | \\
CH^2 - OH & & \underbrace{CHO} \\
& & O
\end{array}
$$

Les différents corps gras que nous connaissons : suif, huile d'olive, arachide, etc., contiennent en proportions variables ces différents éthers.

$$
C^3H^5\!\!\left\langle\begin{array}{l}C^{18}H^{33}O^2\\C^{18}H^{35}O^2\\C^{18}H^{33}O^2\end{array}\right. + 3H^2O = C^3H^5\!\!\left\langle\begin{array}{l}OH\\OH\\OH\end{array}\right. + C^{18}H^{36}O^2
$$

(stéarine)　　　　　　　　(glycérine)　(acide stéarique)

Les éthers gras sont des éthers trivalents (tristéarate de glycérine). La glycérine est un trialcool, car elle possède trois groupes OH. On a de même la trimargarine, $C^3H^5(C^{16}H^{31}O^2)^3$, la trioléine, $C^3H^5(C^{18}H^{33}O^2)^3$, etc.

Les différents acides gras appartiennent aux classes suivantes :

$C^nH^{2n}O^2$	Stéarique	$C^{18}H^{36}O^2$
	Margarique	
	Palmitique	$C^{16}H^{32}O^2$
	Butyrique	$C^4H^8O^2$, etc.
$C^nH^{2n-2}O^2$	Oléique	$C^{18}H^{34}O^2$
$C^nH^{2n-6}O^2$	Linoléique	$C^{18}H^{32}O^2$

La glycérine peut aussi donner d'autres éthers en se combinant avec d'autres acides; un des plus connus est la nitro-glycérine.

$$C^3H^5 \diagup\!\!\!\diagdown \begin{array}{l} OAzO^2 \\ OAzO^2 \\ OAzO^2 \end{array} \quad \text{(trinitrine)}.$$

Les éthers monovalents (mononitrine) ou bivalents (binitrine), dans lesquels un seul ou deux hydrogènes seulement sont remplacés par le groupe AzO^2, peuvent être obtenus; il en est de même des éthers gras.

Synthèse des corps gras. — M. Berthelot, en chauffant à 200° pendant trente heures une molécule de glycérine successivement avec 1, 2, 3 molécules d'acide stéarique dans des tubes de verre scellés à la lampe, a obtenu la monostéarine, la distéarine et la tristéarine (identique à la stéarine naturelle). Les acides gras jouissent des propriétés générales des acides, ils peuvent former d'autres éthers par union avec d'autres alcools :

$$\text{Stéarate de méthyle, } C^{18}H^{35}O^2(CH^3).$$

Ils peuvent encore former des produits de substitution où un ou plusieurs H sont remplacés par du brome, iode, etc. :

$$\text{Acide bromostéarique, } C^{18}H^{35}O^2(Br).$$

Savons. — Les acides gras se combinent aux bases pour donner des sels :

$$\text{Stéarate de chaux, de soude, de potasse, etc.}$$

Les sels de soude et de potasse portent le nom de savons. Ceux fabriqués avec la soude s'appellent des savons durs, les autres sont les savons mous.

Ces corps sont connus depuis la plus haute antiquité. Pline attribue leur invention aux Gaulois, qui en faisaient usage pour lisser les cheveux. Il nous parle de deux espèces (*spissus* et *liquidus*), ce qui semblerait indiquer qu'ils connaissaient les deux espèces de savon. Les fouilles de Pompéi montrent que cette fabrication était connue des Romains.

On croyait à une simple union, sans connaître comme maintenant la nature des réactions qui se passent.

Les corps gras sont composés d'éthers; or les éthers mis en présence d'une base donnent le sel correspondant à la base et mettent l'alcool en liberté. C'est une véritable double décomposition, d'où le nom d'éthers-sels qu'on leur donne souvent.

$$C^3H^5(C^{18}H^{35}O^2)^3 + 3NaOH = C^3H^5(OH)^3 + 3C^{18}H^{35}NaO^2$$

stéarine	hydrate de soude	glycérine	stéarate de soude ou savon

Une molécule de stéarine se combine avec trois molécules de soude caustique pour donner trois molécules de savon.

De même la palmitine, l'oléine, etc., donnent le palmitate, l'oléate, etc., correspondant. Les poids atomiques des composants étant :

C = 12	Sodium = 23
H = 1	Potassium = 39
O = 16	

l'atomicité totale de la stéarine sera :

890.

Celle de l'hydrate de soude sera :

40.

Donc 890 parties de stéarine se combineront à $40 \times 3 = 120$ parties de soude caustique.

100 parties = 13,48.

On obtient ainsi le tableau suivant :

$$
\left. \begin{array}{l} 890 \text{ stéarine} \\ 806 \text{ palmitine} \\ 884 \text{ oléine} \end{array} \right\} \text{ demandent} \left\{ \begin{array}{l} 168 \text{ parties d'hydrate de potasse.} \\ 141 \text{ parties d'oxyde de potassium.} \\ 120 \text{ parties d'hydrate de soude.} \\ 93 \text{ parties d'oxyde de sodium.} \end{array} \right.
$$

Si nous prenons un corps gras constitué par parties égales des trois éthers, son atomicité sera :

$$ \frac{890 + 806 + 884}{3} = \frac{2580}{3} = 860. $$

Ce sera la quantité du corps gras correspondant aux différentes quantités de bases énoncées ci-dessus.

Dans la pratique, on ne connaît pas exactement les quantités des différents éthers entrant dans la composition des corps gras ; aussi verrons-nous plus loin comment on détermine pratiquement les quantités d'alcali demandées par chaque matière grasse.

La transformation des corps gras en savon porte le nom de saponification. Tout l'art du savonnier repose sur les moyens les plus propres à effectuer cette combinaison suivant les différents genres de savon que l'on veut obtenir; car si tous les savons sont, au point de vue chimique, la même chose (un sel de soude ou de potasse), ils diffèrent par la nature des matières grasses employées, leur aspect, leurs propriétés, les produits qu'on y ajoute, etc.

Décomposition du savon. — Si maintenant nous considérons ce savon (de soude, potasse, magnésie, etc.), et que nous le traitions par un acide fort, en vertu des réactions fondamentales de la chimie, l'acide fort va s'emparer de la base et mettre l'acide faible (ici l'acide gras) en liberté.

$$2C^{18}H^{35}NaO^2 \quad + \quad SO^4H^2 \quad = \quad SO^4Na^2 \quad + \quad 2C^{18}H^{36}O^2$$

| stéarate de soude | acide sulfurique | sulfate de soude | acide stéarique |

La glycérine mise en liberté pendant la saponification se retrouve dans l'eau chargée de sulfate de soude sur laquelle flottent les acides gras. Cette glycérine est un sous-produit de grande valeur; nous verrons plus loin les moyens industriels de la recueillir.

Si dans les formules précédentes on remplace la soude par la chaux, on aura un savon calcaire qui, décomposé par l'acide sulfurique, donnera du sulfate de chaux insoluble; on voit immédiatement que la glycérine ainsi obtenue sera bien plus pure, ne contenant pas ou presque pas de sels solubles.

Si maintenant nous prenons ces acides gras et que nous les transformions directement en savon, nous avons la réaction :

$$C^{16}H^{36}O^2 + NaOH = C^{16}H^{35}NaO^2 + H^2O$$

En calculant comme précédemment pour les éthers :

284 parties d'acide stéarique
256 — — palmitique
282 — — oléique

56 hydrate de potasse.
47,5 oxyde de potassium.
40 hydrate de soude.
31 oxyde de sodium.

Ou bien en ramenant tout au % :

100 parties de :	hydrate de soude NaOH	hydrate de potasse KOH	oxyde de sodium Na²O	oxyde de potassium K²O
Oléine	13,57	19,00	10,45	15,99
Acide stéarique	14,08	19,71	10,91	16,55
— palmitique	15,62	21,87	12,11	18,36
— oléique	14,19	19,85	10,99	16,66
Stéarine	13,48	18,87	10,44	15,84
Palmitine	14,88	20,84	11,53	17,49

Action du savon. — L'action du savon au point de vue du lavage est assez particulière. A première vue, puisque les bases se combinent aux matières grasses, il paraîtrait suffisant de traiter les matières à nettoyer par les bases seules; mais les bases seules attaquent en même temps les corps qu'elles sont chargées de nettoyer (linge, mains, etc.). Tout le monde connaît l'action corrosive sur les mains du savon mal préparé qui contient un excès d'alcali. De plus, sur les matières non grasses, leur action est moins efficace que celle du savon. En effet, le savon a une double action : il forme d'abord avec l'eau une émulsion, enrobe les parties solides grasses ou non et permet qu'elles soient facilement entraînées par le lavage à l'eau. De plus, le savon en présence de beaucoup d'eau se décompose en savon acide (c'est-à-dire incomplètement saturé) et en alcali libre à l'état naissant. Or il est reconnu en chimie que les corps à état naissant ont une action plus énergique.

Enfin un autre avantage résultant de l'emploi du savon est que sa solution dans l'eau est un puissant antiseptique.

Arrivons maintenant à une autre utilisation très importante des corps gras, l'éclairage.

Chandelles et bougies. — Parmi les corps gras que nous connaissons, les uns sont liquides à la température ordinaire (15º centigrades), d'autres sont pâteux, d'autres ne fondent qu'à une température plus élevée (suif, 36-37º centigrades). Les chandelles sont constituées par ces dernières, principalement le suif, moulées sous forme de cylindres et portant une mèche au centre. Mais dès que l'on connut la composition des matières grasses et que l'on put étudier les acides gras, on reconnut qu'il était beaucoup plus avantageux d'employer ceux-ci pour l'éclairage, car ils sont moins fusibles que les éthers gras correspondants, ce qui donne des bougies coulant beaucoup moins par la chaleur. De plus, ils donnent une flamme plus blanche et plus éclairante et n'ont pas d'odeur.

L'industrie des bougies consiste donc à transformer les matières grasses en leurs acides gras correspondants en opérant toujours sur des matières à haut point de fusion par des procédés que nous indiquerons plus loin. On augmente encore ce point de fusion en séparant les acides gras solides des acides gras liquides; c'est de Milly et Motard qui firent les premières applications pratiques de ce procédé. L'acide stéarique pur fond vers 69-70° centigrades, la stéarine pure vers 63°; l'acide palmitique fond vers 62° centigrades, etc. Les acides gras obtenus directement du suif se solidifient vers 43°,5.

Les cires qui sont employées pour l'éclairage peuvent aussi rentrer dans la définition que nous avons donné des corps gras, si on les considère comme le résultat de la combinaison d'acides (acide cérotique, $C^{27}H^{54}O^2(C^nH^{2n}O^2)$, de la cire d'abeilles) avec des alcools monovalents (alcool cérylique, $C^{27}H^{56}O(C^nH^{2n+2}O)$, etc.).

Les carbures d'hydrogène ne contenant pas d'oxygène ne sont pas capables de donner de glycérine; de plus, s'ils peuvent former avec les alcalis des mélanges plus ou moins stables, ils ne se saponifient pas vraiment.

CHAPITRE II

MATIÈRES PREMIÈRES

I. — Matières grasses.

Classification, principaux procédés d'analyse qui permettent de reconnaître leur pureté. — Nature, propriétés, pays producteurs, etc., des principales espèces employées en savonnerie· et fabrication des bougies. — Blanchiment.

Les corps gras d'origine végétale ou animale se divisent :

1° *Huiles liquides,* s'ils sont liquides à la température ordinaire (15° centigrades).

   a) végétales
- 1° siccatives (se desséchant à l'air).
- 2° non siccatives.

   b) animales.

2° *Huiles concrètes* ou *beurres* (origine végétale).

Graisses (origine animale).

Lorsqu'ils sont fusibles entre 20° et 35° centigrades.

3° *Suifs*. — Lorsqu'ils fondent au-dessus de 36°.

4° *Cires*. — Corps gras fondant entre 45° et 80°.

Avant de passer à l'étude sommaire des matières grasses, nous allons indiquer quelques-uns des plus employés, parmi les différents procédés connus, pour reconnaître leur pureté; cela nous permettra ensuite de donner avec chaque corps gras les chiffres afférents aux différentes réactions. L'étude analytique des matières grasses est très délicate et demande une grande pratique, en raison de la multiplicité des difficultés.

Densité des matières grasses. — Elle se prend soit au moyen de densimètres (flotteurs en verre lestés dont la tige enfonce plus ou moins dans le liquide, celle-ci porte une graduation), soit au moyen de la balance de Mohr-Westphal. Cet appareil permet de prendre la densité de tous les liquides plus légers ou plus lourds que l'eau. Il est basé sur la perte de poids que subit un flotteur d'un volume connu (10^{cm} cubes) quand on le plonge dans un liquide. Les poids, constitués par de petits cavaliers que l'on place sur le fléau, donnent immédiatement la densité. La température à laquelle on doit opérer est de 15º centigrades. La correction est de 0,0007 par degré, en plus ou en moins suivant que l'on opère au-dessus ou au-dessous de 15º.

Pour les matières solides à 15º, on opère à la température à laquelle elles sont liquides.

1º Action de l'acide sulfurique. — Une goutte d'acide 66 Baumé ajoutée sur 10 à 15 gouttes d'huile placées sur un verre de montre posé lui-même sur du papier blanc donne différentes colorations (Heydenreich) suivant les huiles.

Procédé Heydenreich.

	Sans agiter.	En agitant.
Acide oléique	tache rougeâtre / auréole rougeâtre	rouge brun
Arachide	jaune gris sale	presque incolore
Colza	auréole bleu verdâtre avec stries brun jaunâtre	bleu verdâtre
Lin	rouge brun	grumeaux bruns sur fond vert brun
Olive (impure)	tache peu sensible	gris verdâtre
Sésame	rouge vif	»
Coprah	presque inaltéré	etc.

2° Échauffement ou saponification sulfurique (Maumené et Fehling). — Ce procédé donne des résultats très intéressants. Il repose sur l'élévation de température que subissent les huiles sous l'action de SO_4H_2 concentré. On peut opérer de la façon suivante. Dans un verre à pied de 150^{cc} on met 50 grammes d'huile dont on note la température $>$ que le point de fusion. (on opère généralement à $30°$ centigrades). On y fait couler 10^{cc} de SO_4H_2 commercial 66 Baumé à la même température.

On agite en remontant avec un thermomètre sensible :

b température maxima atteinte par le thermomètre ;

$$b - a = \text{échauffement sulfurique.}$$

On opère aussi en mettant dans le verre les 10^{cc} d'acide, puis dessus avec précaution les 50 grammes de matière grasse. On laisse bien les deux corps prendre la même température avant d'agiter. Les résultats variant un peu avec la qualité de SO_4H_2 et la manière d'opérer, il est bon que chaque observateur se fasse lui-même un tableau pour les huiles dont il se sert.

On opère aussi quelquefois avec des quantités différentes d'acide et d'huile.

Action de l'acide azotique, AzO^3H. — 10 grammes d'huile agités avec 5 grammes d'acide de densité 1,35 donnent des colorations différentes suivant les huiles.

Action de AzO^3H.

Olive..	verdâtre.
Arachide.	abricot clair.
Sésame..	jaunâtre tirant vers le rougeâtre..
Chanvre.	brun verdâtre.
Lin	vert brun.
Saindoux.. . . .	jaune clair.
Coton	marron foncé.
Oléique	marron.
etc.	
Coprah..	inaltéré.

Mélange de AzO^3H et de SO^4H^2 par moitié (Behrens). 10^{cc} du mélange sont agités avec 10 grammes d'huile.

Procédé Cailletet. — Il résume un peu les autres en ce qu'on y voit la coloration produite par les acides sur les matières grasses; mais en plus il est basé sur la transformation de l'oléine (partie liquide des huiles) en sa modification isomérique, l'élaidine, qui est bien plus solide, sous l'influence des vapeurs nitreuses.

Voici la meilleure manière d'opérer.

On prend un tube de verre de 10 centimètres de long et de $2^{cm},5$ de large, puis on y met 20 grammes de matière grasse. On ajoute 5 à 6 gouttes de SO^4H^2 (66), on agite et regarde la coloration produite. On met alors 20 gouttes de AzO^3H et on agite; on regarde à nouveau la coloration. On met le tube au bain-marie à l'ébullition pendant 5 minutes, puis on le retire et le met dans un endroit frais (8 à 10° centigrades), et on étudie, au bout d'un certain temps (2 heures), la couleur et l'état de solidification de la masse.

Il y a d'autres procédés basés sur cette transformation de l'oléine en élaidine : 1° Procédé au nitrate acide de mercure préparé à l'avance; 2° Cailletet (1^{cc} mercure, 12^{cc} AzO^3H — 4^{cc} huile mis ensemble dans un verre).

Dans ces deux procédés, on voit toujours les colorations produites et le temps plus ou moins long de la solidification.

Saponification et obtention des acides gras. — La méthode la meilleure est la suivante :

1º Chauffer 50 grammes de matière grasse;

2º Verser dessus en agitant un mélange de 40^{cc} de lessive de soude caustique de densité $= 1,332$ environ mélangés avec 30^{cc} d'alcool (si les huiles sont très difficilement saponifiables, par exemple l'huile de coton, on met un peu plus d'alcool). On agite jusqu'à solidification.

On ajoute ensuite de l'eau et on fait bouillir jusqu'à ce que l'alcool soit complètement évaporé.

En décomposant ensuite le savon formé par de l'acide sulfurique faible $\dfrac{1}{10}$, les acides gras viennent surnager d'abord à l'état pâteux (émulsionné), puis ensuite à l'état liquide.

Après refroidissement et décantage de l'eau acide, on les fait bouillir plusieurs fois avec de l'eau jusqu'à ce que celle-ci ne présente plus aucune trace d'acidité. On dessèche alors 110-120º à l'étuve jusqu'à poids constant.

Le %₀ d'acides gras ainsi obtenus est l'indice de Hehner.

Il varie de 94-96 %₀.

Action de Hehner.

Amandes douces.	94,02
Sésame-Arachide	95,86
Olive.	95,43
Palme.	96,6
Saindoux	94,65
Colza.	95,14
Coton.	95,30
Œillette.	95,38
Suif.	95,00

Toutes les réactions que l'on peut faire sur les huiles (échauffement sulfurique, etc.) peuvent être faites sur les acides gras; les résultats sont à peu près les mêmes et beaucoup plus constants, car par la saponification on débarrasse les huiles des matières étrangères qu'elles pouvaient contenir faussant les résultats.

Titrage des acides gras. — C'est ainsi que l'on appelle la prise du point de solidification.

On met les acides gras bien desséchés dans un tube b de 3 centimètres de diamètre (fig. 1), placé lui-même dans un vase c à large goulot et maintenu par le bouchon d. Un thermomètre a très sensible, gradué en dixièmes de degré, est suspendu au milieu.

Quand la cristallisation commence à gagner le tour du tube, on agite le thermomètre deux ou trois fois circulairement. Généralement le thermomètre remonte un peu à ce moment (1 à 2 centigrades pour les suifs) et reste un certain temps à la même température. On prend le

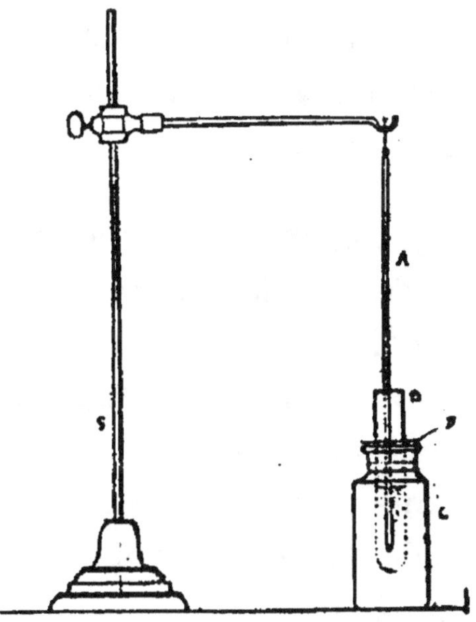

Fig. 1. — Dispositif pour la prise du titre des acides gras.

degré supérieur comme titre des acides gras. Ainsi, par exemple, le thermomètre marquant 42o avant l'agitation, s'il remonte ensuite à 43,5, le titre sera 43,5.

Point de fusion. — Le point de fusion des matières neutres ou des acides gras se détermine généralement en remplissant de matière grasse filtrée un tube de verre (genre tube de thermomètre).

On la laisse se figer, puis on met ce tube dans un vase plein d'eau où plonge un thermomètre, et l'on chauffe lentement. On note le degré que marque le thermomètre au moment où la matière grasse devient limpide.

Saturation de 5 grammes d'acides gras par Na^2O. — On dissout 5 grammes d'acides gras dans 30^c d'alcool en chauffant légèrement, puis on ajoute quelques gouttes de phénol-phtaléine.

On titre en ajoutant petit à petit, par exemple au moyen d'une burette de Mohr (fig. 2), une liqueur normale de soude caustique. On appelle *liqueur normale* une liqueur qui contient par litre une quantité du corps représentant son atomicité totale ou sa $1/_2$ atomicité, suivant la façon dont le corps se comporte vis-à-vis de l'acide sulfurique pour lequel on prend la $1/_2$ atomicité.

$$SO^4H^2 + Na^2O = SO^4Na^2 + H^2O$$

$$
\begin{array}{ccc}
& 32 & \\
4 \times 16 = 64 & & 23 \times 2 = 46 \\
2 & & 16 \\
\hline
98 & & 62
\end{array}
$$

$$SO^4H^2 + 2NaOH = SO^4Na^2 + H^2O$$
$$98 \qquad 2 \times 40$$

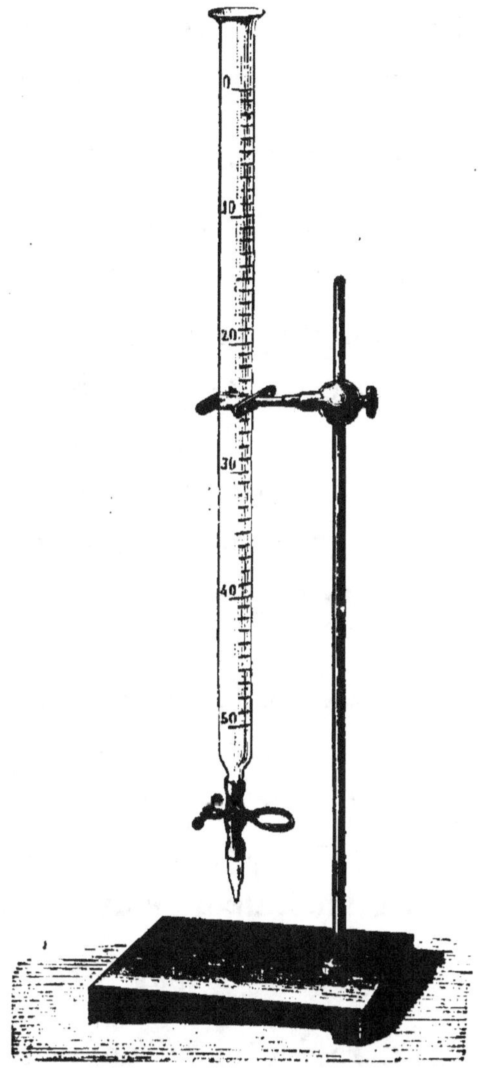

Fig. 2. — Burette de Mohr.

La liqueur normale d'acide sulfurique contenant 49 grammes par litre, la liqueur normale de soude contiendra 40 grammes par litre de soude caustique pure ou 31 grammes de Na^2O.

Pour la potasse on aurait de même

$$N \quad KOH(56)^o/_{ooo} \quad K^2O(47)^o/_{ooo}.$$

Toutes ces liqueurs se neutralisent volume à volume. Revenant à l'analyse, lorsque l'on voit la coloration violette se produire, on arrête, on voit le nombre de centimètres cubes employés.

Lorsqu'on évalue ceci en milligrammes de potasse KOH par grammes d'acide gras, on a le chiffre de Koettstorfer pour les acides gras.

Rancidité d'une huile. — En opérant de la même façon sur 5 grammes d'huile, on a un nombre de centimètres cubes se rapportant à la quantité d'acides gras libres dans la matière grasse. On opère généralement avec une liqueur :

$$\frac{N}{10}\text{-}4^g \ NaOH \ \text{par litre}$$

et on évalue la rancidité en acide oléique, sachant que 1000^{cc} liqueur normale $= 282$ grammes d'acide oléique

Chiffre de Koettstorfer pour les matières grasses neutres. — Pour déterminer la quantité de soude ou de potasse (KOH en milligrammes) correspondant à 1 gramme de matière grasse, on en saponifie une certaine quantité avec un excès de liqueur alcoolique N de soude ou de potasse, soit a centimètres cubes.

On fait bouilllir au réfrigérant ascendant pour éviter que l'alcool ne s'évapore

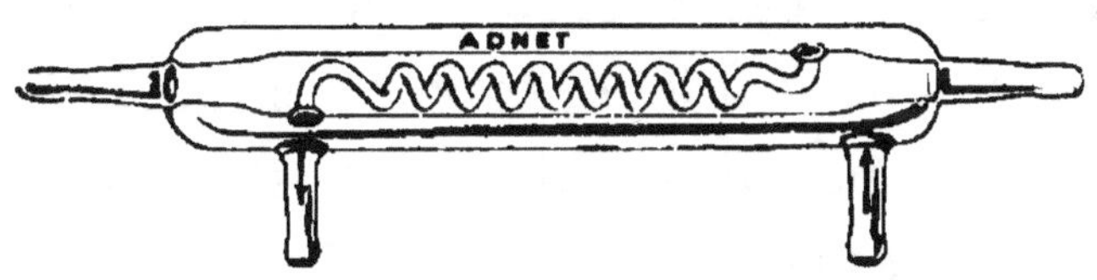

Fig. 9. — Réfrigérant ascendant.

On met de la phénolphtaléine et on titre avec SO^4H^2 (N) jusqu'à décoloration b centimètres cubes.

$a - b =$ le nombre de centimètres cubes employés pour saponifier la matière grasse.

Liqueur normale soude	1^{cc} contient 0^{gr}031 Na^2O	
	1^{cc} — 0^{gr}040 NaOH	
Liqueur de potasse	1^{cc} contient 0^{gr}047 K^2O	
	1^{cc} — 0^{gr}056 KOH	

Le chiffre de Koettstorfer ou le nombre de centimètres cubes de liqueur normale correspondant à 5 grammes d'acides gras $\times$ 0,955 (chiffre de Hehner) = les nombres correspondant à la matière neutre environ.

Chiffres de Koettstorfer (milligrammes KOH 1 gramme)

Stéarine	188,7	acide stéarique		197,1
Margarine	199,0	—	—	207,4
Palmitine	208,4	—	—	218,7
Oléine	190,0	—	—	198,6

Indice d'iode. — Les matières non saturées, l'acide oléique par exemple, peuvent fixer une certaine quantité d'iode, brome, chlore, etc. On rapporte le nombre trouvé à 100 parties de matières grasses.

Il est préférable d'opérer sur les acides gras, car autrement les mêmes graisses, à un état de rancidité différent, auraient des résultats différents.

Soit y le chiffre trouvé.

x correspondant à la matière neutre est sensiblement égal à $y \times 0,955 = x$.

Il ne faut pas faire bouillir les acides gras avec l'eau dans la décomposition. On les lave simplement à l'eau chaude avant de les dessécher, autrement on ferait partir une partie des acides gras volatils.

On prend 5 grammes d'acides gras, on les dissout dans l'alcool de façon à faire 100^{cc}. On en prend 10^{cc}, contenant par conséquent 0,5, que l'on met dans un flacon avec 20^{cc} de liqueur alcoolique d'iode, 50 grammes par litre.

On ajoute 20^{cc} liqueur alcoolique de bichlorure de mercure, 60 grammes par litre.

On agite et on laisse en contact trois heures. On a une solution d'hyposulfite de soude dans l'eau, $24,800 \,^0/_{000} \dfrac{N}{10}$.

$$\frac{S^2O^3Na^2 + 5H^2O}{248} = \text{poids atomique de l'hyposulfite.}$$

On détermine à combien (x) de centimètres cubes de liqueur d'iode correspond un 1^{cc} d'hyposulfite, avec l'empois d'amidon $2 \,^0/_{00}$ comme indicateur. Puis on détermine le nombre de centimètres cubes d'hyposulfite nécessaires pour s'emparer de l'iode non absorbé par les acides gras, soit n :

$$(20 - (n \times x)) \times 0,050 = \text{iode correspondant à } 0^{gr}5.$$

Le chiffre d'iode ou *chiffre de Hubl* $=$ le chiffre trouvé $\times$ 200, ce qui le rapporte à 100 grammes.

Il y a bien d'autres procédés connus pour l'étude des matières grasses, par exemple celui basé sur la déviation du rayon lumineux traversant les huiles liquides (*Oléoréfractomètre Amagat et Jean*); le dosage des acides gras volatils (*Reichert, Meissl-Wollny*), etc.; mais ce livre n'est pas un traité d'analyse des matières grasses, nous renvoyons pour détails plus complets à l'ouvrage de *Ferdinand Jean*.

Néanmoins, dans l'étude sommaire des huiles que nous allons faire maintenant, nous indiquerons encore quelques procédés spéciaux à certaines matières grasses.

I. — HUILES LIQUIDES

1º VÉGÉTALES — a) Siccatives.

Huile de lin.

Provenance. — Graines du lin cultivé.

    France, Allemagne, Belgique, Hollande, Russie, Indes, Amérique, etc.

Couleur. — Huile obtenue à froid : du jaune foncé au pâle verdâtre ;

    Huile obtenue à chaud : jaune brun.

Emploi. — Savons durs et surtout mous.

Réactions principales. — Densité, 0,935.

    Échauffement sulfurique, 133.

Indice iode des acides gras, 155 - 158.
Saturation de 5 grammes d'acides gras, 17,70 - 17,60.
Saponification (milligrammes KOH, 1 gramme graisse), 195-196.
Titre des acides gras, 13,3.
Falsifications principales. — Huiles de poisson, résines.

Huile de chanvre.

Provenance. — Graines du chanvre.
France, Allemagne, Indes, etc.
Couleur. — Jaune vert tirant sur le brun.
Emploi. — Savons mous verts et noirs.
Réactions. — Indice iode des acides gras, 122-125.
Densité, 0,9255.
Échauffement sulfurique, 98.
Saponification (milligrammes KOH 1 gramme graisse), 193-194.

Ricin.

Provenance. — Graines du ricin ou palma-christi.
Amérique, Égypte, Sénégal, Indoustan.
Couleur. — A froid, presque incolore;
à chaud, jaune brun.
Emploi. — Savons durs.
Réactions. — Densité, 0,9699 à 12°.
Échauffement sulfurique, 47.
Saturation de 5 grammes d'acides gras, 16cc70-16cc75.
Falsifications. — Œillette.

Œillette.

Provenance. — Graines du pavot somnifère.
France.
Couleur. — Froid, incolore; — chaud, brunâtre.
Emploi. — Savons durs.
Réactions. — Densité, 0,925.
Échauffement, 70.
Saponification (milligrammes KOH, 1 gramme graisse), 194.

Cailletet. — Couleur jaune citron, puis jaune, et enfin jaune orange après refroidissement.

b) **Non siccatives.**

Colza.

Provenance. — Graines du colza ou chou oléifère.
France, Belgique, Hollande, vallée du Danube.
Couleur. — Jaune.
Emploi. — Savons mous noirs.
Réaction. — Densité, 0,913.
Échauffement sulfurique : 46 (15 grammes huile, 5 grammes SO^4H^2).
Indice iode (huile), 100-103.
Saponification (milligrammes KOH, 1 gramme graisse), 177-178.

Caméline.

Graines de la caméline cultivée.
Provenance. — Europe, Asie.
Couleur. — Jaune.
Emploi. — Savons mous.
Réaction. — Densité, 0,924 à 0,932.
Échauffement sulfurique : 82 (15 grammes d'huile, 5^{cc} SO^4H^2).

Huile d'arachide.

Provenance. — Graines de l'arachide, plante grimpante (pistache de terre).
Afrique (Sénégal et Coromandel-Mozambique), Amérique (Brésil, Mexique), France, Sicile, Espagne, Italie.
Couleur à froid : incolore.
    —   à chaud : brunâtre.

Toutes pressions réunies (c'est généralement le cas des huiles employées en savonnerie-jaune plus ou moins tirant sur le brun). Lorsque les graisses sont avariées, l'huile est souvent gélatineuse.

Emploi. — Savons durs (très grand emploi).
Réaction. — Échauffement sulfurique, 24-25.
    Saturation, 17,8 (5 grammes d'acides gras).
    Indice iode, 97.
    Densité, 0,9175 à 0,921.
    Solidification des acides gras, 28.
Cailletet à sortie du bain rouge vineux, ne se solidifie pas,
    dépôt brun floconneux.
AzO^3H abricot clair avec les huiles à froid, tirant légèrement
    sur le brun avec les autres.

Arachidate de potassium et acide arachidique.

— L'huile d'arachide contient environ 4,5 % d'un acide gras spécial, acide arachidique, dont le point de fusion est 72.

Procédé Milliau. — On saponifie 10 grammes de matières grasses avec une dissolution alcoolique de soude au réfrigérant ascendant; on chasse l'alcool dissout dans l'eau distillée et précipite par une dissolution d'acétate de Pb; on lave à eau bouillante, décante, lave à alcool et traite par éther à chaud pour dissoudre l'oléate de plomb. On décompose le savon restant par HCl et on a un gâteau dur d'acides gras, que l'on dessèche à 105°. On dissout dans 90cc alcool à 90 centièmes et on refroidit à 15°.

L'acide arachidique dépose en cristaux.

On voit les cristaux d'arachidate en laissant

refroidir une dissolution dans l'alcool à 9º du savon de soude.

Sésame.

Provenance. — Graines du sésame.
    Indes et pays du Levant principalement, Afrique, etc.
Couleur. — Froid : jaune doré.
    —   Chaud : brun plus ou moins foncé.
Emploi. — Savons durs, quelquefois mous.
Réaction. — Densité, 0,923.
    Échauffement sulfurique, 54 (huiles à chaud : 57).
    Indice iode, 104.
    Titre, 22.
    Saturation, 17^{cc}7 (5 grammes d'acides gras).

Cailletet. — L'acide AzO^3H donne une coloration indigo foncé, puis rouge sale; masse liquide.

Camoin. — Traite l'huile par HCl sucré à saturation; l'acide se colore en rose. Il vaut mieux opérer sur les acides gras (Milliau).

Behrens. — Vert pré foncé.

Solubilité dans alcool absolu 41 $^0/_{00}$.

Huile de coton.

Provenance. — Graine du cotonnier.
    Europe, Asie (Inde), Afrique (principalement Égypte), Amérique.
Couleur. — Jaune (huile à froid).
    Toutes pressions réunies (jaune plus ou moins rougeâtre).
Emploi. — Savons durs et mous.

Réactions. — Densité, 0,9205 à 0,9218.
  Échauffement sulfurique, 52-54.
  Titre, 34.
  Saturation, 17cc5 à 17cc8.
  AzO^3H, marron foncé.
  Iode, 103-104.

Cailletet à froid gris vert, à chaud rouge brun après refroidissement rougeâtre ; pas de solidification nette.

Réaction du AzO^3Ag. — Il est préférable d'opérer sur les acides gras (Milliau) que sur l'huile (Becchi).

On prend les acides gras à l'état pâteux (émulsionné) de la décomposition acide du savon. On les lave à l'eau distillée froide.

On met dans un tube 6 à 7cc d'ag. avec 15cc d'alcool à 92° et on ajoute 2cc d'une liqueur AzO^3Ag 3 %. On évapore à l'abri de la lumière $1/_3$ alcool au bain marie à 90°, on ajoute 10cc eau distillée, on chauffe encore un peu et on observe la coloration des acides gras qui surnagent. La présence de l'huile de coton détermine un précipité miroitant d'argent métallique qui colore en noir les acides gras.

Margarine de coton. — Provenant de l'huile refroidie et filtrée.

Saponification sulfurique, 46-47.
Titre, 42-43.
Saturation, 18,2.

Margarine de coton.

— Produit anglais employé en savonnerie, provenant probablement de la décomposition des crasses de coton provenant de l'épuration sodique des huiles de coton brutes. Matière complètement acide.

Titre, 34.
Acidité de 5 grammes de matière neutre, 17cc5.
Échauffement sulfurique, 54.

Huile de coton démargarinée.

Échauffement sulfurique, 50-51.
Titre, 32,5.
Manque de corps dans la fabrication du savon.

Huile d'amandes.

Provenance. — Fruit de l'amandier.
France, Italie, Espagne.
Couleur. — Incolore.
Emploi. — Savons médicinaux.
Réactions. — Indice iode (huile), 98,4.
Titre, 5.
Échauffement sulfurique, 53-49.
Saponification (milligrammes KOH, 1 gramme graisse), 195.

Maïs.

Provenance. — Graines du maïs.
Asie, Afrique, Amérique.
Couleur. — Rouge brun.
Emploi. — Savons mous.

Réactions. — Densité, 0,9215-0,93.

Échauffement, 79 (15 grammes huile, 5^{cc} SO^4H^2).

Saponification (milligrammes KOH, 1 gramme graisse), 188-189.

Olive.

Provenance. — Fruit de l'olivier.

France, Italie, Espaqne, Levant, Afrique du Nord (Tunisie, Algérie, Maroc).

Couleur. — Jaune plus ou moins vert.

Emploi. — Savons durs, quelquefois mous.

Réactions. — Densité, 0,918-0,919 (huiles industrielles).

Échauffement sulfurique, 38; 30 (huile neutre).

Titre, 21-24.

Saturation, 17,5-17,8.

Iode, 83-85.

Cailletet. — Gâteau beurre frais après refroidissement.

Pontet. — 6 grammes de mercure dissous, $7^{g}5$ AzO^3H (35 Baumé).

Solidification après deux heures. Les huiles de graines restent liquides.

AzO^3H. — Verdâtre.

Huiles de ressence. — Provient des tourteaux d'olive traités par l'eau.

Couleur verte. — Savonnerie.

Huiles de pulpes. — Traitement par CS^2 des tourteaux.

Huile vert foncé. — Savonnerie.

Iode, 83,8 à 88,4.

Densité, 0,915.

Échauffement sulfurique, 42-45.

Huiles de fond de piles, huile d'enfer (couche graisseuse que l'on recueille après un certain temps sur l'eau de traitement), etc.

2° HUILES LIQUIDES ANIMALES

Oléine ou mieux acide oléique. Cette matière provient du traitement des suifs ou de l'huile de palme dont on a extrait l'acide stéarique ou l'acide palmitique. On en distingue deux espèces, celui de saponification (bien meilleur) et celui de distillation. — Savons durs et mous.

Échauffement sulfurique { Saponification, 24. / Distillation, 20.

Saturation de 5 grammes d'acides gras, $17^{cc}7$ (saponification).

$D = 0,896$ (saponification).

$D = 0,902$ (distillation).

Indice d'iode { saponification, 78,70. / distillation, 83,82.

Oléine de suint. — Partie liquide de la matière grasse obtenue dans le traitement des laines (beaucoup d'insaponifiable).

Échauffement sulfurique, 21.

Indice iode, 68,58,

Saponification (1 gramme graisse, milligramme KOH), $128^{mgr}5$.

Matière insaponifiable, 22,20 %.

Huile de baleine.

Saponification (milligrammes KOH par 1 gramme graisse) 190-191.

Échauffement, 61°.

Indice iode, 80,9.

Couleur. — Jaune plus ou moins foncé.

Huile de cachalot. — Jaune plus ou moins brun.

Huile de dauphin. — Plus ou moins brune.

Huile de marsouin. — Matière grasse jaune.

Huile de phoque. — Jaune ambré ou brun foncé.

> Saponification (milligramme KOH, 1 gramme graisse), 191-195.

Huiles de poissons (thrans). — Ces huiles sont aussi quelquefois employées en savonnerie ; mais leur odeur désagréable ne permet leur usage que dans les savons de qualité inférieure.

Les principales sont :

Graisse de sardines. — Graisse blonde venant du Tonkin, Annam, etc. Point de fusion des acides gras, 31-30º centigrades.

Huile de menhaden. — Provenant d'une espèce d'alose qui se pêche sur les côtes de l'Amérique du Nord.

> Saturation 5 grammes d'acides gras, 16ᶜᶜ 2.

Huile du Japon. — Sardines.

> Saturation de 5 grammes d'acides gras, 16ᶜᶜ 3.

Huile de poissons (quelconques). — Débris de poissons, anchois, sardines, morues, etc. Huile brune entièrement saponifiable donnant un savon brun.

Le principal emploi de toutes ces huiles est la fabrication des dégras (traitement des cuirs).

II. — HUILES CONCRÈTES

Coco.

S'extrait de la pulpe fraiche des cocos (Cochin, Ceylan). Fond à 20°.

Coprah.

Provenance. — Amande desséchée du coco ou coprah.
Côte du Malabar et du Bengale, Siam, Java, îles Philippines (Manille), Célèbes, Zanzibar, etc.
Emploi. — Savons durs.
Couleur. — Blanche.
Réaction. — Densité, 0,925.
Échauffement sulfurique, 17,5-18.
Iode, 8 à 10.
Titre, 22,5.
Saturation, 24^{cc} 1.

Solubilité dans l'alcool absolu (Milliau). — On lave l'huile à l'alcool à 95° et ensuite on dissout 1 volume d'huile dans 2 d'alcool absolu à la température de 32° centigrades. L'huile de coprah est complètement soluble. L'huile de ricin, qui est la seule dans le même cas, se caractérise facilement.

Phloroglucine et résorcine (Milliau).—4^{cc} d'huile de coprah limpide et exempte d'eau sont mis dans un tube de verre gradué de 15^{cc}; on ajoute 2^{cc} de solution phloroglucine dans l'éther à saturation, puis 2^{cc} de solution résorcine dans la benzine à saturation. On met dans l'eau à 10°, puis ajoute 4^{cc} AzO^{3}H (40° Baumé); et agite cinq secondes.

Huile de coprah pure inaltérée : une huile de graines ajoutée donne une teinte franchement groseille.

Palme.

Provenance. — Côte ouest de l'Afrique. S'extrait du fruit du palmier (Guinée); partie charnue travaillée à l'eau bouillante par les indigènes.

Emploi. — Savons et bougies.

Couleur. — Jaune rougeâtre tirant quelquefois un peu sur le vert ou sur le brun. On la décolore par l'action du bichromate de potasse et d'un acide généralement HCl.

$$1\,000 \text{ kilogrammes huile} \begin{cases} 15 \text{ kilogrammes bichromate} \\ \quad \text{dans 45 litres d'eau.} \\ 60 \text{ kilogrammes HCl.} \end{cases}$$

On mêle à l'huile la solution de bichromate, puis on ajoute l'acide; la fin de la réaction est marquée par l'apparition d'une mousse vert clair. Après repos et décantage, on lave une ou deux fois à l'eau bouillante.

Cette huile contient beaucoup d'impuretés (débris ligneux, etc.); il faut l'en débarrasser avant de la décolorer.

Réactions principales. — Indice d'iode, 50°.
    $D = 9{,}945 - 0{,}946$.
    Titre, 42-46.
    Saturation 5 grammes d'acides gras, 18^{cc}5.

Commerce. — On distingue deux espèces d'huiles de palme, les molles et les dures (ce sont les secondes que l'on emploie principalement pour la fabrication de l'acide palmitique) (Bougies).

Voici les principales provenances de ces huiles par rapport à leur dureté.

Molles. — Lagos, Cameroon, Benin, Scherbro, Addah, Accra, Bonny, Old Calabar.

Dures. — Brass-Niger, Congo, New-Calabar, Liberia, Grand-Bassam.

Les Bonny et Old Calabar sont souvent dures. A l'exception des Lagos vendues telles quelles, toutes les huiles de palme sur le marché de Liverpool (qui est le plus grand marché d'huile de palme) sont prises sur base de pureté établie par analyse de Norman Tate (chimiste à Liverpool), sur échantillons prélevés au débarquement.

Le montant des impuretés et de l'eau (qui peut atteindre 10, 12 %, etc.) est bonifié à l'acheteur.

Huile de palmiste. — Même provenance que l'huile de palme, provient du noyau du fruit dont l'enveloppe charnue a donné l'huile de palme.

Huile blanche (solide à la température ordinaire).

Emploi. — Savons.

D = 0,9223.
Indice d'iode, 24.
Saturation de 5 grammes d'acides gras, 22^{cc} 5.
Soluble dans quatre fois son volume d'alcool absolu.

Beurres végétaux. — On emploie aussi en savonnerie et en stéarinerie d'autres beurres végétaux.

Beurre d'Illipé. — Graines du Bassia longifolia (Indes orientales et nord de l'Afrique).

Fond à 25,5 en moyenne.
Titre des acides gras, 40°.

Beurre de Mafura.

Provenance. — Sénégal, Mozambique.
  Fond vers 32°.

Beurre de Shea. (Appelé aussi suif de Shea).

— Contient environ 91 % de matière saponifiable, les acides gras fondent vers 51-52°.

Porte aussi le nom de beurre de Galam.

1 gramme de matière demande pour se saponifier 192-193 milligrammes de KOH.

Graisse d'Uchuba.

  Titre des acides gras, 46°.
  Indice iode, 9,5.
  Saturation de 5 grammes d'acides gras, 19cc 5.

Huile de cohum (Honduras). Ressemble à l'huile de coco. Les quantités de ces différents beurres ou graisses végétales, ainsi que de bien d'autres que l'on trouve dans le commerce, sont encore peu abondantes, mais tendent à s'accroître en présence de la consommation toujours croissante des matières grasses dans le monde.

GRAISSES ANIMALES

Saindoux. — Provient des parties graisseuses du porc.

Couleur blanche.

Emploi. — Savons de toilette.

Densité, 0,913 à 0,916.
Échauffement sulfurique, 27-30.
Indice d'iode, 58-60.
Titre, 37,5 à 39.
Saturation, 18ᶜᶜ 1.
En Amérique on trouve des saindoux pressés, huile de saindoux, etc.

Suif d'os ou graisse d'os.

S'extrait par l'eau ou la benzine des os (ce dernier, beaucoup plus foncé (brunâtre), a souvent une odeur un peu forte).

Emploi. — Savonnerie. — Bougies.

Fond à 21-22.
Titre, 39-40.
Saturation, 5 grammes d'acides gras = 17ᶜᶜ 5.

Graisse de colle. — Résidu de la fabrication de la colle forte, couleur jaune, plus ou moins brune, odorante.

Savonnerie.
Fond à 25°.

Graisse verte ou de ménage. — Mélange de différents produits, en particulier de résidus de cuisine.

Savons durs.
Fond à 28°.

Flambart. — Vient sur l'eau où les charcu-tiers ont cui leurs préparations. — Blanchâtre.

Fond à 26-27°. $D = 0,940$.
Savons.

Graisse de corroirie. — S'extrait dans la fabrication des cuirs.

Fond à 27-32, odeur désagréable.
Savons inférieurs, quelquefois bougies stéariques; aide à la cristallisation.

Moelle de bœuf. — Contenue dans les os longs des mammifères. — Blanche. — Fond 25°. — Savons médicinaux.

Graisse de suint. — Formée par le mélange d'oléine et de stéarine de suint.
Savons. — Meilleure que l'oléine de suint.

Stéarine de suint. — Fond 48°. — Savons.

Suif de bœuf. — S'extrait du suif en branche par fusion directe ou à l'acide (voir *Stéarinerie*).

Couleur. — Blanc jaunâtre.
  Savons durs et bougies.
  Densité, 0,912-0,913,5.
  Indice iode, 40-47.
  Titre, 42-46 (moyenne de base du prix, 43,5).
  Point de fusion des acides gras, 46-50.
  Saturation, 18,2.

Cailletet. — Masse solide jaune clair après refroidissement.

TABLEAU (DALICAN ET JEAN)

Indiquant pour chaque degré du thermomètre la quantité d'acides stéarique et oléique contenue dans une graisse ou un suif, défalcation faite de 4 $^0/_{00}$ pour la glycérine et 1 $^0/_0$ pour humidité et impuretés.

(Ils ont opéré avec de l'acide stéarique titre 55,4 et de l'acide oléique bien filtré à froid pour le débarrasser de l'acide margarique.)

Point de solidifi- cation.	$^0/_0$ acide stéarique.	$^0/_0$ acide oléique.	Point de solidifi- cation.	$^0/_0$ acide stéarique.	$^0/_0$ acide oléique.
40	35,15	59,85	45,5	52,25	42,75
40,5	36,10	58,90	46	53,20	41,80
41	38	57	46,5	55,10	39,90
41,5	38,95	56,05	47	57,95	37,05
42	39,90	55,10	47,5	58,90	36,10
42,5	42,75	52,25	48	61,75	33,25
43	43,70	51,30	48,5	66,50	23,50
43,5	44,65	50,35	49	71,25	23,25
44	47,50	47,50	49,5	72,20	22,80
44,5	49,40	45,60	50	75,05	24,95
45	51,30	43,70			

MATIÈRES PREMIÈRES

TABLEAU

Permettant, le titre d'un suif étant connu, de déterminer approximativement les proportions des acides solides et liquides (CHEVREUL).

Acide oléique.	Acide concret.	Se fige à	Acide oléique.	Acide concret.	Point de fusion.
99	1	0	75	25	35,5
98	2	2	74	26	35,5
97	3	3	73	27	36
96	4	5	72	28	36,5
95	5	7	71	29	37
94	6	8	70	30	37,5
93	7	9	69	31	38
92	8	10	68	32	38,5
91	9	14	67	33	38,7
90	10	17	66	34	39
89	11	18	65	35	39,5
88	12	21	64	36	39,7
87	13	24	63	37	40
86	14	25,5	62	38	40
85	15	26,5	61	39	41
			60	40	41
Acide oléique.	**Acide concret.**	**Point de fusion.**	59	41	41,7
			58	42	42
			57	43	42
84	16	27,5	56	44	42,2
83	17	28,5	55	45	42,5
82	18	29,5	54	46	43
81	19	30,5	53	47	43,5
80	20	31,5	52	48	43,7
79	21	32	51	49	44
78	22	33	50	50	44
77	23	34	49	51	44,3
76	24	34,5	48	52	44,5

TABLEAU (*suite*)

Acide oléique.	Acide concret.	Point de fusion.	Acide oléique.	Acide concret.	Point de fusion.
47	53	45	23	77	49,8
46	54	45	22	78	50
45	55	45,7	21	79	50
44	56	46	20	80	50,2
43	57	46,3	19	81	50,3
42	58	46,5	18	82	50,7
41	59	46,5	17	83	51
40	60	46,7	16	84	51,5
39	61	47	15	85	51,8
38	62	47,7	14	86	52
37	63	47,7	13	87	52
36	64	47,8	12	88	52,5
35	65	48	11	89	52,5
34	66	48	10	90	53
33	67	48,2	9	91	53
32	68	48,3	8	92	53,2
31	69	48,5	7	93	54
30	70	48,5	6	94	54
29	71	48,5	5	95	54
28	72	48,5	4	96	54,2
27	73	48,7	3	97	54,7
26	74	49,2	2	98	55
25	75	49,5	1	99	55
24	76	49,5			

Commerce des suifs. — Dans le commerce des suifs on admet généralement 2 $^0/_0$ d'humidité et d'impuretés. Le titre moyen des acides gras est 43 $^1/_2$; les suifs titrant plus subissent une plus-value. En dehors des suifs et graisses de provenance française, on utilise aussi en France, en stéarinerie et savonnerie, des produits d'autres pays.

États-Unis. — Fournissent le Prime-City et le Western, titrant environ 44°, ainsi que des graisses plus ou moins jaunes et des suifs d'os.

Plata. — Très bon suif pour les stéariniers, à cause de l'élévation du titre 44,8 (moyenne).

Angleterre. — Fournit peu de véritable suif, mais beaucoup de graisses et suifs d'os variant du blanc au jaune brun (titre 39 à 41-42, etc.). La qualité (*melted stuff*) est une des plus fréquentes; on trouve aussi d'autres qualités (*bone grease*, etc.).

Russie. — Les principaux ports d'embarquements des suifs sont Riga, Saint-Pétersbourg, Arkangel, Odessa. Ces derniers (titre 44,5) sont ceux que l'on trouve en France (Marseille).

Enfin il vient aussi en France des suifs de Carthagène, Algérie, Italie. L'Australie, qui est un grand pays producteur de suif, en fournit peu à la France.

Suif pressé.

Provenance. — Provenant du suif dont on a enlevé l'oléo-margarine.

> Densité, 0,913 à 0,914.
> *Emploi.* — Chandelles et bougies.
> Titre, 52-54.
> Échauffement, 16.
> Saturation, 18,2.
> Indice iode, 38 à 42.

Suif de mouton. — Titre plus élevé que le suif de bœuf, en moyenne 45-46. — Bougies. — Plus ferme et plus blanc que celui du bœuf.

Suifs de taureau, vache, veau (mélangés au suif de bœuf). — Savons. — Bougies.

Petit suif. — *Provenance.* — Provenant des épluchures de suif en branches, quelquefois mélangé d'autres graisses.

> *Couleur.* — Gris blanchâtre.
> Titre variable, 40-42.
> *Emploi.* — Savons, bougies.

Suifs végétaux.

Suif de Piney. — *Provenance.* — Fruits du Valeria indica (Malabar).
Couleur. — Vert blanchâtre. — Fond vers 40°-36°.
Emploi. — Savons, bougies.
Chiffre de Kœttstorfer, 1 gramme matière neutre $191^{mgr}9$ KOH.

Suif de Chine. — *Provenance.* — Fruits du Sapium sebiferum (Chine, Japon, etc.).

Couleur. — Verdâtre.

Emploi. — Savons, bougies.

Titre, 55.

Cires. — Les cires animales (abeille) des insectes ou de Chine et cire des andaquies, et les cires végétales, dont quelques-unes sont en partie saponifiables, c'est-à-dire composées en partie de matières grasses et de cire, entrent quelquefois dans la composition des bougies. Nous citerons parmi les cires végétales la cire de Carnauba (Brésil), Myrica (en partie saponifiable), Ocuba, Bicuiba, etc.

Blanchiment industriel des huiles et acides gras. — Il y a un grand nombre de procédés pour cela :

1º *Bichromate de potasse et un acide* (déjà vu à l'article *Huile de palme*).

2º *Permanganate de potasse.* — On emploie 1 à 2 kilogrammes par 100 kilogrammes (quelquefois plus) d'huile; après l'avoir dissous dans l'eau, on laisse un certain temps en contact avec l'huile après un brassage énergique. On traite ensuite par 7 à 8 kilogrammes de HCl dissous dans l'eau, et après un repos prolongé on filtre sur noir animal.

3o *Noir animal.* — En traitant l'huile bien sèche par 4 à 5 % de noir animal vers 70o centigrades et en filtrant ensuite, on arrive à la décolorer.

4o On opère de la même façon avec de la *terre à foulon* ou de l'*hydrosilicate d'alumine.*

5o Blanchiment à chaud par *injection d'air.* Ce procédé, employé souvent pour l'huile de palme, consiste à faire barboter un mélange d'air et de vapeur à travers l'huile de palme fondue.

6o On peut encore blanchir les huiles par l'action combinée du *chlorate de potasse* et de l'acide *chlorhydrique.*

7o *Chlorure de chaux.* — On opère souvent à froid en le mélangeant à la matière grasse et en laissant se faire une action lente au contact de l'air atmosphérique.

II. — Résines ou colophanes.

La résine est le résidu de la distillation de la térébenthine. Elle fournit avec les alcalis des combinaisons qui se comportent avec l'eau comme les sels d'acides gras; ce sont des savons mous. La résine, qui est solide, comporte différentes qualités du jaune pâle au brun noir. On peut la blanchir en la fondant, la décantant et la faisant bouillir avec 9 % de HCl à 9º Baumé.

Chiffre de Kœttstorfer $\begin{cases} 166^{m}2 \text{ KOH pour saponifier 1 gramme} \\ 166 \qquad\qquad \text{résine.} \end{cases}$

Chiffre acide $\begin{cases} 148,5 \\ 145,5 \end{cases}$ KOH pour saturer 1 gramme résine.

Indice d'iode, 114,8 à 116,8.

En France, le pays de production est la région des Landes. — Amérique.

III. — Soudes.

Espèces de soude industrielle. — Procédés de caustification et d'analyse. — Tableaux.

Les principales soudes que l'on rencontre dans le commerce sont les suivantes :

Soude brute. — Cette soude est fabriquée par le procédé *Leblanc* (transformation du chlorure de sodium en sulfate de soude par l'action de l'acide sulfurique et du sulfate en carbonate par l'action de la craie et du charbon). Cette soude a une couleur grise et se présente sous la forme d'une pierre poreuse.

Elle contient environ 41 à 44,5 % de carbonate de soude, 1,5 de NaCl, 27-29 de sulfure de calcium, 1 à 1,5 de sulfate de soude et divers autres corps, aluminate de soude, chaux, carbonate de chaux, oxyde de fer, charbon, silicate de magnésie, sulfites et hyposulfites, etc.

Caustification de la soude brute. — Cette caustification se fait en traitant par de la chaux vive en présence d'eau, de façon à transformer le carbonate de soude en soude caustique.

La réaction produite est la suivante :

$$CO^3Na^2 \ + \ CaO \ + \ H^2O \ = \ 2NaOH \ + \ CO^3Ca.$$

C	12	Ca	40
O^3	48	O	16
Na^2	46		
100		**56**	

Donc 1 kilogramme de CO^3Na^2 demande $0^{kg},528$ de chaux à 100 %, ce qui ferait environ 24 à 25 % de chaux.

On emploie en moyenne 30-33 % de chaux, car celle-ci n'est jamais pure.

La soude caustique produite se dissout dans l'eau ainsi que les sels solubles, le sulfure de calcium se décompose et donne du sulfure de sodium.

Cette opération se fait généralement à Marseille de la façon suivante :

La soude est concassée en morceaux de la grosseur d'une petite noix au moyen de concasseurs à mâchoire ou d'autres systèmes (actuellement elle est généralement vendue toute concassée par les usines qui la fabriquent). On la mélange à la chaux qui doit préalablement avoir été éteinte. Cette opération doit se faire avec précaution, il faut l'amener à l'état pulvérulent sans qu'elle forme pâte.

On charge ensuite ce mélange dans des récipients en tôle appelés barquieux (fig. 4), qui ont à peu près les dimensions suivantes :

$$H = 1,50 \qquad L = 2,00 \qquad l = 1,50.$$

Ils sont munis d'un faux fond en tôle perforée, et portent un robinet à la partie inférieure sur l'un des côtés. Sur ce faux fond, on met généralement du genêt desséché ou d'autres matières (menu bois, etc.), formant un filtre grossier. Le robinet peut envoyer les lessives dans trois ou quatre conduits disposés devant lui.

Donc le barquieu une fois rempli du mélange de soude et de chaux, si on envoie de l'eau par la partie supérieure, cette eau filtrera à travers la masse, la réaction se produira et elle sortira plus ou moins chargée de soude caustique.

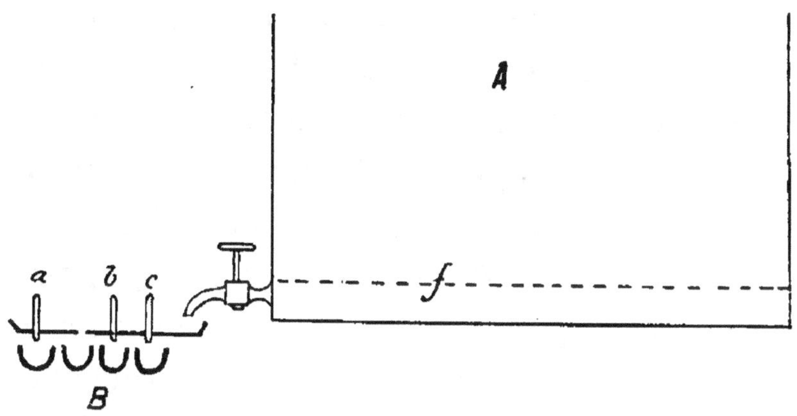

Fig. 4. — Barquieu.

A, barquieu. — *f*, faux fond. — B, petites dalles. — *a*, *b*, *c*, tampons mobiles.

En marche normale, on opère un lessivage méthodique pour avoir un épuisement complet. Les barquieux sont groupés généralement par quatre. Supposons le numéro (1) presque complètement épuisé et le numéro (4) venant d'être chargé de matière neuve.

On fait passer de l'eau pure sur (1), cette eau donne une lessive peu caustique à 12 ou 14º Baumé.

Cette lessive est généralement gardée pour le lavage des cuites (opération dont nous parlerons plus loin).

Sur le barquieu (2), un peu plus épuisé que (3), on fait couler les lessives épuisées (ayant perdu leur alcali) provenant de la fabrication du savon. Elles en sortent à 23-24° Baumé et s'appellent recuits passés. En les faisant passer sur (3), puis sur (4), elles prennent encore plus d'alcali et deviennent les avances 24-25° Baumé et enfin les bonnes lessives 26-29°. Le numéro (1) épuisé est vidé, rechargé et devient le dernier de la série.

Toute cette circulation de lessives s'effectue au moyen de pompes, qui, puisant dans différents réservoirs alimentés par les petits conduits cités plus haut, les remontent dans des réservoirs supérieurs qui les distribuent aux barquieux par des tuyaux munis de robinets.

La couleur des lessives est jaune brun, à cause du sulfure de sodium et des matières organiques qu'elles contiennent.

Désulfuration. — On peut désulfurer les lessives de soude brute avant de les employer, si les savons que l'on veut faire demandent qu'il n'y ait pas de sulfure de sodium.

Dans ce cas (procédé Lombard), il est préférable d'épuiser la soude à l'eau tiède, 40°, pour enlever les sels solubles (CO^3Na^2, etc.).

Il se produit déjà une petite caustification, car nous avons vu que la soude brute contient un peu de chaux vive.

On caustifie ensuite dans des appareils à agitation mécanique du genre de celui indiqué plus loin pour la caustification du carbonate Solvay.

On désulfure en faisant barboter de l'air par un injecteur pendant une heure et demie. A Marseille, l'usine de Rio-Tinto traitait (vers 1902-1903) ainsi la soude brute et la rendait à l'état de lessive désulfurée, 37-38° Baumé. Elle se transportait en tonneaux en fer analogues à ceux des porteurs d'eau.

Composition moyenne des lessives de soude brute non désulfurée.

Bonne lessive.	40,60	caustique à 32,8	
(26-29)	25,90	carbonate de soude	21
(Baumé)	17,10	sulfure de sodium	
	33,50	sulfate de soude	
	49,00	sulfites et hyposulfites	
	100,30	NaCl	
	81,00	matières organiques	
	652,60	eau.	
	1000,00		

Avances.	30,00	caustique
(24-25)	18,60	carbonate
Baumé	15,90	sulfure de sodium
	27,90	sulfate de soude
	39,85	sulfite et hyposulfite
	61,30	NaCl
	89,00	matières organiques
	717,45	eau.
	1000,00	

La soude brute est quelquefois raffinée et rendue à l'état de carbonate de soude ou même de soude caustique.

Soude Solvay (*Carbonate de soude*). — Ce sel a presque complètement remplacé la soude brute dans la fabrication des savons. Il se fabrique en faisant passer dans une solution de NaCl saturée de AzH^3 un courant de CO^2. On a du bicarbonate d'ammoniaque qui, par double décomposition, donne du bicarbonate de soude et du chlorhydrate d'ammoniaque.

Le bicarbonate peu soluble se précipite, est calciné et donne du carbonate, CO^3Na^2. Le AzH^4Cl distillé redonne AzH^3. Ce sel, très blanc et très pur, contient de 98 à 99,2 de carbonate réel.

CO_3Na_2	99,220
NaCl	0,500
SO_4Na_2	0,137
CO_3Ca	0,028
CO_3Mg	0,061
Al	0,002
Peroxyde de fer	0,003
Non dosé	0,049
	100,000

Quelques savonniers emploient des cristaux de soude, qui sont formés par la cristallisation d'une dissolution saturée à chaud de CO_3Na_2 (avec un peu de SO_4Na_2). Ils contiennent 36 à 40 de CO_3Na_2. Il est bien préférable et plus économique d'employer du CO_3Na_2, auquel on ajoute l'eau demandée.

Caustification du CO_3Na_2. — La transformation du carbonate de soude au moyen de la chaux se fait dans des appareils à agitation mécanique, soit cylindriques horizontaux, soit verticaux.

Cet appareil (fig. 5) se compose d'un bac, bac en tôle cylindrique vertical. Il porte au centre un arbre vertical portant des palettes, qui est mis en mouvement par l'intermédiaire d'engrenages coniques. Un agitateur mécanique est absolument nécessaire pour maintenir la chaux en suspension pendant toute la durée de l'opération.

Quantité de chaux. — Nous avons vu précédemment qu'il fallait $0^k,528$ de CaO pour 100^k de carbonate réel. Donc pour 100^k de carbonate à 99 % il faudrait $52^k,27$ de CaO =

Comme la chaux n'est jamais pure, on emploie toujours un excès 58-60 %. Si la chaux employée était très impure, il faudrait en employer encore un peu plus en faisant le calcul suivant la quantité de CaO réelle contenue.

Manière d'opérer. — L'eau contenue dans le caustificateur est chauffée au moyen d'un barboteur de vapeur, et les palettes étant mises en mouvement, on introduit la quantité de CO^3Na^2 nécessaire pour amener la lessive à une densité d'environ 10⁰ Baumé à 15⁰ centigrades. En effet, c'est seulement à ce degré (ou en dessous) que la totalité du carbonate se transforme en soude caustique. A 15⁰ Baumé on ne caustifierait que 93 %; enfin si on opérait à 30-35⁰ Baumé, il n'y aurait plus de décomposition.

Il est bien plus avantageux de chercher la décomposition complète et de rajouter dans la

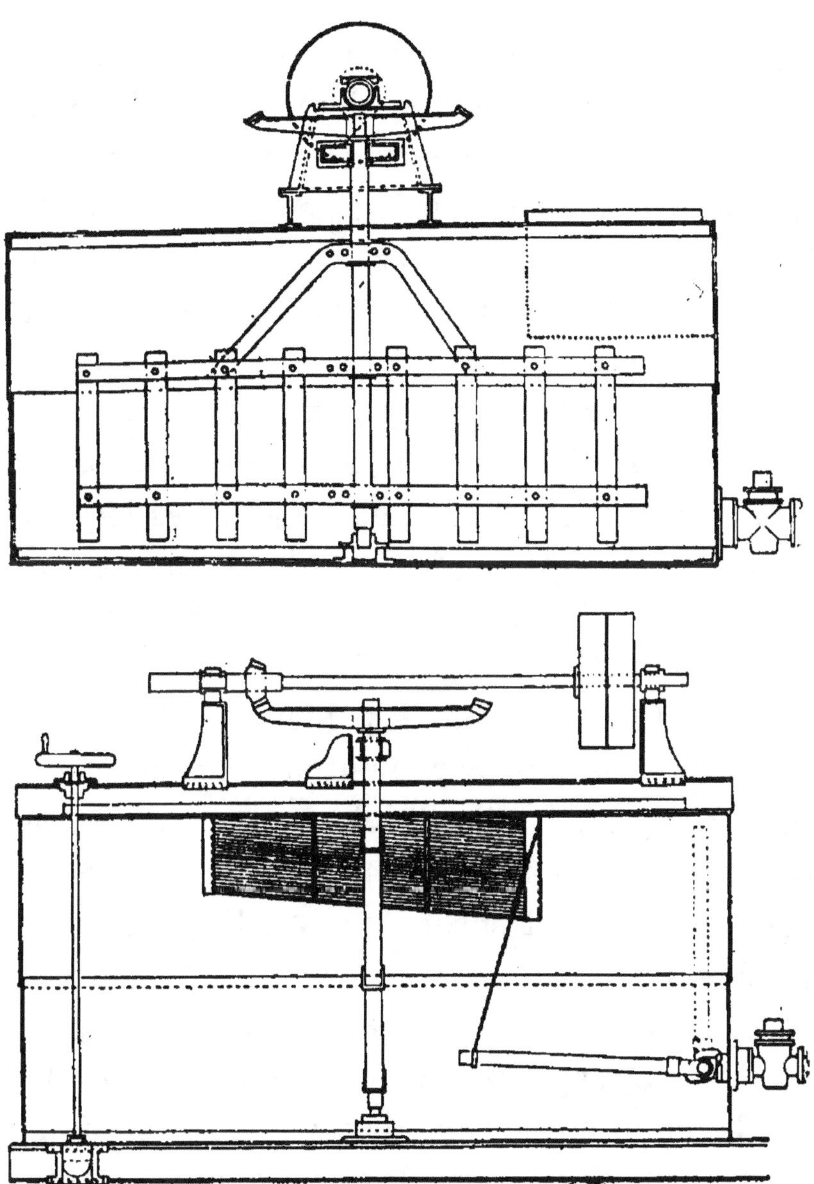

Fig. 5. — Caustificateur vertical.

lessive des sels neutres, si on en a besoin. La chaux peut être mise de deux façons dans le caustificateur, soit à l'état de lait de chaux préparé à part; dans ce cas, on peut déterminer le volume du lait de chaux à introduire en se basant sur la densité de ce lait (tableau à l'article *Chaux*).

Généralement on se contente de mettre la chaux en pierres dans un panier (fig. 5), formé de barres de fer dont le fond baigne très légèrement dans le liquide. Les vagues produites par le remous de l'agitateur, en imbibant la chaux, la font foisonner puis se déliter. Les pierres et les incuits restent dans le panier.

On force alors le barboteur de vapeur et on porte le liquide à l'ébullition, celle-ci doit être continuée 1/2 heure à 1 heure. On arrête la vapeur en laissant encore un peu l'agitateur en marche.

L'agitateur étant arrêté, la chaux se précipite au fond de l'appareil et on peut décanter le liquide clair au moyen d'une pompe et d'un tuyau à genouillère (fig. 5); ou de robinets placés à diverses hauteurs.

L'agitateur étant mis en mouvement, on remet

de l'eau pure pour laver la chaux et on recommence. L'eau de lavage sert à dissoudre le carbonate de soude.

La chaux épuisée est enlevée et jetée, mais elle est d'un transport difficile ; aussi préfère-t-on maintenir l'agitateur en mouvement et faire couler le liquide dans des filtre-presses (voir l'article *Glycérine*) qui donnent des tourteaux secs de CO_3Ca. On lave la chaux dans les filtres mêmes. Un autre procédé est de constituer un filtre (fig. 6) en remplissant un récipient de pierres calcaires, puis dessus de coke ; on y fait écouler le liquide laiteux, on l'y laisse reposer pour décanter encore par tuyau à genouillère. Au moyen d'une pompe à air ou d'un éjecteur de vapeur, on fait le vide dans le fond du récipient ; le liquide restant filtre, et la chaux se sèche.

Les lavages du CO_3Ca doivent autant que possible être faits avec de l'eau tiède.

La concentration de cette lessive caustique 10° Baumé à 25, 30, 35, 40° Baumé doit être faite, dans les usines bien installées, à l'abri de l'air (dans le vide) ; pour éviter la recarbonation de ces lessives, on peut opérer à feu nu ou à la

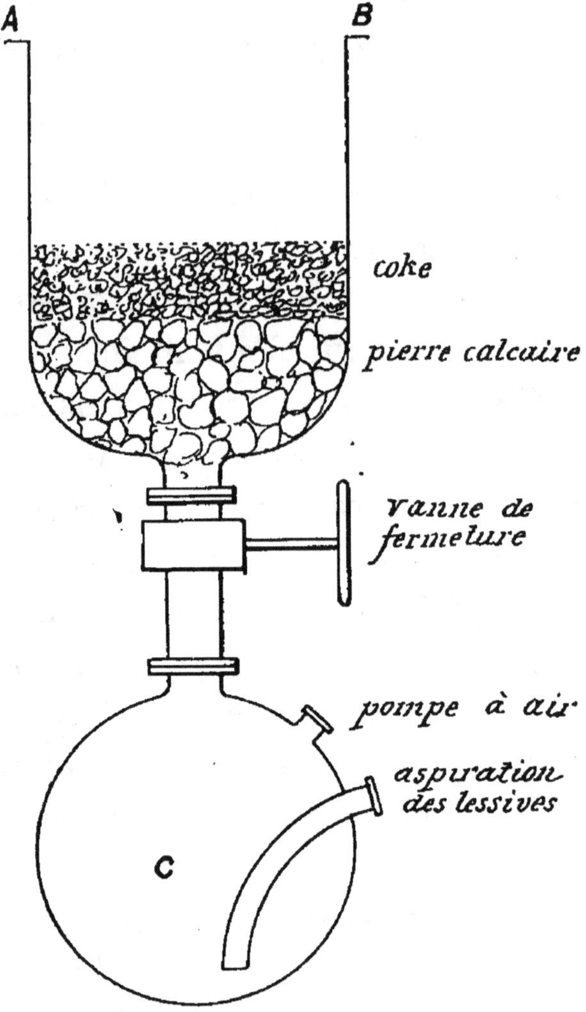

Fig. 6. — Filtre à vide.

AB Coupe transversale du bac qui peut avoir plusieurs mètres de
longueur; C cylindre de plusieurs mètres.

vapeur, cette dernière étant toujours préférable.
Parmi de nombreux appareils employés à cet

usage, nous parlerons de *l'évaporateur (système Kestner*, Lille). (*Bulletin de l'association des*

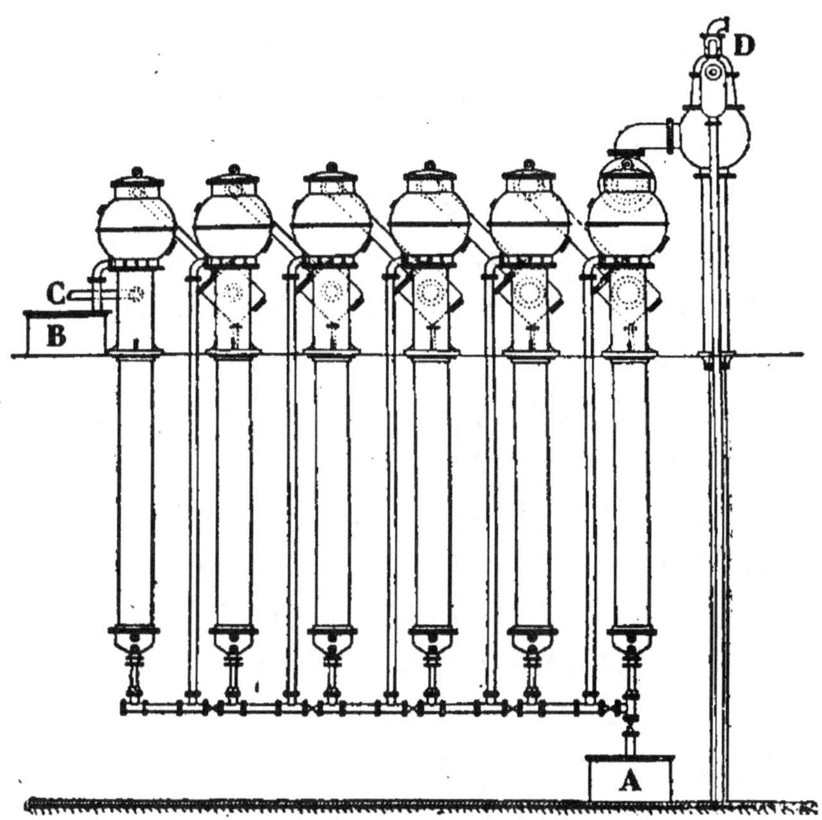

Fig. 7. — Évaporateur système Kestner (vue d'ensemble d"un appareil à plusieurs effets).

chimistes de sucrerie et distillerie de France et des colonies, juillet-août et septembre 1904.)

Ces appareils à évaporer dans le vide (fig. 7) peuvent être chauffés à la vapeur ou même à feu nu ; ce sont des appareils à simple, double, triple, quadruple, etc., effet suivant les différents liquides que l'on a à évaporer.

Le faisceau d'évaporation (fig. 8) est formé de tubes de 5 à 7 mètres de haut, placés dans une chambre de vapeur.

La vapeur arrive en A par la partie supérieure de l'appareil, et l'eau condensée sort en G-E.

Le liquide est amené en courant continu par le tuyau T, muni d'un diaphragme qui permet de régler le débit du liquide qui se répartit également dans tous les tubes.

La figure indique comment se produit la concentration. L'ébullition produit d'abord des bulles; puis la vapeur, augmentant de volume et de vitesse, entraîne le liquide en couche mince et égale le long des parois. Arrivé au sommet, le liquide entraîné par la vapeur est précipité contre la chicane (celle-ci, fixe, porte des ailes semblables à celle d'une turbine centrifuge). La vapeur subit un mouvement de rotation. Les particules du liquide sont précipitées par la force centrifuge contre les parois de la sphère et s'échappent par L, soit au dehors, soit dans une caisse suivante si l'appareil est à plusieurs effets.

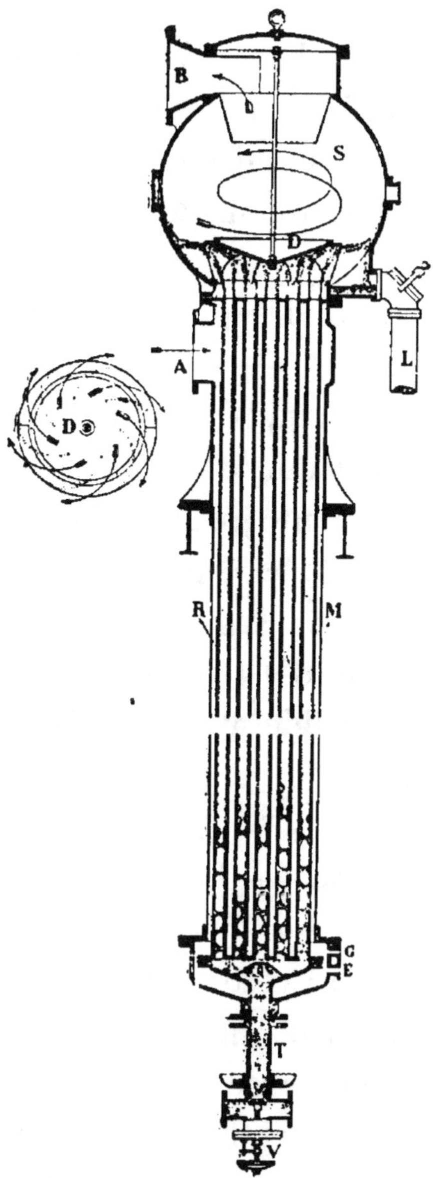

Fig. 8. — Détail d'une colonne (Évaporateur Kestner).

La vapeur desséchée s'échappe au condenseur. Un appareil de ce genre comparé à un quadruple effet (ordinaire) (sucrerie) contient vingt à trente fois moins de liquide en circulation.

Le faisceau tubulaire peut se dilater avec la plus grande facilité.

La charge de liquide envoyant celui-ci au tube T peut n'être que de 1 mètre, néanmoins le liquide sera remonté jusqu'en haut à 7 mètres, par exemple $(7 - 1) = 6$ mètres.

On peut évaporer les lessives à un degré quelconque, même 60° Baumé (ce qui donne la soude caustique solide avec une faible dépense de combustible).

Soude caustique. — Les savonniers ont tout intérêt à effectuer eux-mêmes cette caustification. Ceux pour qui cette installation paraîtrait trop importante peuvent acheter de la soude caustique toute préparée (Usines Solvay). Cette matière, qui se présente sous la forme d'une masse vitreuse légèrement verdâtre, se vend en cylindres de tôle dans lesquels elle est coulée à la fin de la concentration.

Les deux qualités les plus répandues sont le type $^{70}/_{72}$ et $^{75}/_{76}$.

Cela veut dire que ces soudes renferment $^{70}/_{72}$ $^{75}/_{76}$ % d'alcali calculé en Na^2O (oxyde anhydre de sodium) (degré pondéral ou Gay-Lussac).

Certains savonniers font bien la caustification comme nous l'avons indiqué, mais sans faire la concentration ; ils se servent alors de cette soude solide pour relever le titre de leurs lessives de 10-12 à 30-36, etc.

Soude électrolytique. — Depuis quelques années, on commence à fabriquer directement de la soude caustique par électrolyse du $NaCl$. Cette soude se vend en cylindres comme celle dont nous venons de parler.

Composition des soudes. — La composition moyenne des soudes $^{70}/_{72}$ et $^{75}/_{76}$ est la suivante.

	Soude $^{70}/_{72}$	Soude $^{75}/_{76}$
NaOH Hydrate de soude	86,69	92,56
Cabonate de soude	4,99	4,30
NaCl	3,78	1,99
Sulfate de soude	3,10	0,20
Bases insolubles	0,17	0,20
Chaux, oxyde fer		
Humidité	1,29	0,75
	100,00	100,00

Analyse des soudes. — Les soudes sont vendues suivant le degré Descroizilles (alcalimétrique) et le degré Gay-Lussac (pondéral).

Le degré pondéral est le $^0/_0$ d'alcali évalué en (Na_2O), et le degré alcalimétrique est la quantité d'acide sulfurique monohydraté (SO_4H_2) qui peut être neutralisée par 100 parties de la soude.

Soude brute, 33-34 Descroizilles.
Carbonate Solvay, 91,7 Descroizilles (90, 92).
Soude caustique $^{70}/_{72}$ $^{75}/_{76}$ Gay-Lussac.

Pour faire les analyses de soudes, on se sert d'une liqueur d'acide sulfurique contenant 49 grammes par litre (liqueur normale). On prend la $^1/_2$ molécule de SO_4H_2, car elle correspond à la molécule de NaOH. Cette liqueur se neutralise volume à volume avec la liqueur de NaOH (40 $^0/_{000}$).

1^{cc} contient   0,049 SO_4H_2
1^{cc} neutralise   0,040   (NaOH) ou 1^{cc} (N).
1^{cc} —   0,031   (Na_2O) ou 1^{cc} liqueur (N).

On voit immédiatement que du carbonate à $^{100}/_{100}$ titrerait 92,45 Decroizilles.

$$SO_4H_2 + CO_3Na_2 = SO_4Na_2 + CO_2 + H_2O$$
$$98 \qquad\quad 106$$

98 corres. 106 d'où 100 corres. à 92,45.

La liqueur de SO^4H^2 se prépare en mettant 50 grammes de SO^4H^2 commercial à 66° Baumé avec de l'eau distillée, de façon à faire un litre à 15° centigrades.

1^{cc} contient 0,049 de SO^4H^2.

On prélève un *échantillon* de la soude à analyser. Cet échantillon doit être formé de morceaux pris dans différents endroits de la masse de soude. On prélève par exemple 10 grammes que l'on dissout dans l'eau tiède, on forme 100^{cc} à 15° centigrades. Si on a affaire à de la soude brute, il faut aider la dissolution en travaillant les 10 grammes dans un petit mortier avec l'eau.

Filtrant le liquide obtenu, on en mesure par exemple 10^{cc}, que l'on met dans une petite fiole. On y ajoute quelques gouttes de méthyl-orange.

Cet indicateur est orange en solution alcaline et rose en solution acide. On fait couler goutte à goutte la liqueur N de SO^4H^2, en se servant de la burette de Mohr, jusqu'au changement de teinte, soit n centimètres cubes.

$$n \times 0,049 \times 100 = \text{Degré Descroizilles ou degré alcalimétrique total.}$$

Les n centimètres cubes de SO^4H^2 correspondent à :

n de liqueur Na^2O $\dfrac{31}{1000}$

$n \times 0,031 \times 100 = $ Pondéral ou Gay-Lussac $\%$ de Na^2O.

Dans les analyses de précision on vérifie la liqueur $SO^4H^2 \dfrac{49}{1000}$, en en précipitant 10^{cc} en présence de HCl par 20^{cc} de chlorure de baryum (150 grammes par litre); le poids de SO^4Ba trouvé par incinération $\times 0,4209 = $ le poids de SO^4H^2 dans 10^{cc}.

Les analyses précédentes ne donnent que la quantité totale d'alcali (carbonate et caustique mélangés) ; on prend 50^{cc} de la solution de soude, on y ajoute 80^{cc} de $BaCl^2$ (150 $\%_{000}$) et on complète à 200^{cc} avec H^2O. On filtre, on prend 100^{cc} de la liqueur claire, on ajoute quelques gouttes de phtaléine du phénol en dissolution alcooié; (cet indicateur est incolore en dissolution acide et coloré en violet en solution alcaline), et on titre avec la liqueur de SO^4H^2.

Soit n^{cc}

$10 \times n \times 2 \times 2 \times 0,049 = $ Degré Descroizilles de causticité.
$10 \times n \times 2 \times 2 \times 0,031 = $ Pondéral $\%$ Na^2O.

Par différence avec le chiffre total on a le degré correspondant au carbonate de soude.

$$1 \quad Na^2O = 1,29 \quad NaOH$$
$$1 \quad Na^2O = 1,709 \quad CO^3Na^2$$
$$1 \quad NaOH = 0,775 \quad Na^2O$$

SOLVAY & Cie

Table comparative des divers degrés alcalimétriques.

Degrés Descroizilles.	Carbonate de soude pour cent.	Degrés Gay-Lussac.	Degrés Descroizilles.	Carbonate de soude pour cent.	Degrés Gay-Lussac.
47,42	51,29	30,0	64,01	69,24	40,5
48,21	52,14	30,5	64,81	70,10	41,0
49,00	53,00	31,0	65,69	70,95	41,5
49,79	53,85	31,5	66,39	71,81	42,0
50,58	54,71	32,0	67,18	72,66	42,5
51,37	55,56	32,5	67,97	73,52	43,0
52,16	56,42	33,0	68,76	74,37	43,5
52,95	57,27	33,5	69,55	75,23	44,0
53,74	58,13	34,0	70,34	76,08	44,5
54,53	58,98	34,5	71,13	76,95	45,0
55,32	59,84	35,0	71,92	77,80	45,5
56,11	60,69	35,5	72,71	78,66	46,0
56,90	61,55	36,0	73,50	79,51	46,5
57,69	62,40	36,5	74,29	80,37	47,0
58,48	63,26	37,0	75,08	81,22	47,5
59,27	64,11	37,5	75,87	82,07	48,0
60,06	64,97	38,0	76,66	82,93	48,5
60,85	65,82	38,5	77,44	83,78	49,0
61,64	66,68	39,0	78,24	84,64	49,5
62,43	67,53	39,5	79,03	85,48	50,0
63,22	68,39	40,0	79,82	86,34	50,5

Table comparative des divres degrés alcalimétriques (*suite*).

Degrés Descroizilles.	Carbonate de soude pour cent.	Degrés Gay-Lussac.	Degrés Descroizilles.	Carbonate de soude pour cent.	Degrés Gay-Lussac.
80,61	87,19	51,0	101,95	110,28	64,5
81,40	88,05	51,5	102,74	111,14	65,0
82,19	88,90	52,0	103,53	111,99	65,5
82,98	89,76	52,5	104,32	112,85	66,0
83,77	90,61	53,0	105,11	113,70	66,5
84,56	91,47	53,5	105,90	114,56	67,0
85,35	92,32	54,0	106,69	115,41	67,5
86,14	93,18	54,5	107,48	116,27	68,0
86,93	94,03	55,0	108,27	117,12	68,5
87,72	94,89	55,5	109,06	117,98	69,0
88,52	95,74	56,0	109,85	118,83	69,5
89,31	96,60	56,5	110,64	119,69	70,0
90,10	97,45	57,0	111,43	120,53	70,5
90,89	98,31	57,5	112,23	121,39	71,0
91,68	99,16	58,0	113,02	122,24	71,5
92,47	100,02	58,5	113,81	123,19	72,0
93,26	100,87	59,0	114,60	123,95	72,5
94,05	101,73	59,5	115,39	124,81	73,0
94,84	102,58	60,0	116,18	125,66	73,5
95,03	103,44	60,5	116,97	126,52	74,0
96,42	104,30	61,0	117,76	127,37	74,5
97,21	105,15	61,5	118,55	128,23	75,0
98,00	106,01	62,0	119,34	129,08	75,5
98,79	106,86	62,5	120,13	129,94	76,0
99,58	107,72	63,0	120,92	130,79	76,5
100,37	108,57	63,5	121,71	131,65	77,0
101,16	109,43	64,0	122,50	132,50	77,5

Il est nécessaire en savonnerie de pouvoir évaluer approximativement, tout au moins, la valeur d'une lessive donnée. On se sert d'instruments très simples appelés densimètres ou aréomètres, constitués par un tube de verre fermé aux deux bouts, gradué et lesté par du mercure ou des grains de plomb. Plus il y a de soude, moins l'aréomètre plonge.

L'aréomètre Baumé n'indique pas les poids spécifiques, il n'indique que des degrés (le degré 15 correspond à une dissolution de 15 parties de sel dans 35 d'eau).

Le degré 0 correspond à l'eau pure. Le tout gradué à 12°,5.

Les densimètres ou aréomètres des poids spécifiques sont généralement gradués à 15° centigrades; ils sont beaucoup plus sûrs, car il y a des divergences entre les auteurs au sujet de la correspondance des degrés Baumé aux poids spécifiques, et il peut y avoir des contestations. On peut aussi se servir de la balance de *Mohr-Westphal,* qui donne des indications très précises.

On évite ainsi les contestations; c'est pour cela, par exemple, que le commerce de la glycérine, qui se faisait autrefois sur le degré Baumé, se fait maintenant d'après le poids spécifique.

Poids spécifique à + 15 des solutions de carbonate de soude.

Poids spécifique.	Degré Baumé.	% CO³Na²	Poids spécifique.	Degré Baumé.	% CO³Na²
1,007	1	0,67	1,083	11	7,88
1,014	2	1,33	1,091	12	8,62
1,022	3	2,09	1,100	13	9,43
1,029	4	2,76	1,108	14	10,19
1,036	5	3,43	1,116	15	10,95
1,045	6	4,29	1,125	16	11,81
1,052	7	4,94	1,134	17	12,43
1,060	8	5,71	1,142	18	13,16
1,067	9	6,23	1,152	19	14,24
1,075	10	7,12			

Poids spécifique à 30 des solutions carbonatées (ne pouvant exister à 15° centigrades).

Poids spécifique.	Degré Baumé.	% CO³Na²	Poids spécifique.	Degré Baumé.	% CO³Na²
1,142	18	13,79	1,231	27	21,42
1,152	19	14,64	1,241	28	22,29
1,162	20	15,49	1,252	29	23,25
1,171	21	16,27	1,263	30	24,18
1,180	22	17,04	1,274	31	25,11
1,190	23	17,90	1,285	32	26,04
1,200	24	18,76	1,297	33	27,06
1,210	25	19,61	1,308	34	27,97
1,220	26	20,47			

IV. — Potasses.

Potasse de betteraves. — S'extrait des vinasses ou résidus salins provenant de la distillation des mélasses de betteraves. On les calcine pour brûler les matières organiques et on a un produit noir et poreux. Généralement celte matière est livrée raffinée au commerce. On la dissout dans l'eau, la filtre pour éliminer les matières insolubles, puis par des concentrations et refroidissements successifs on se débarrasse des sels étrangers (SO^4K^2, KCl, CO^3Na^2, etc.), moins solubles que le CO^3K^2.

Le carbonate raffiné est en petits granules blancs. Principales espèces : $^{70}/_{75}$, $^{75}/_{80}$, $^{80}/_{85}$, $^{88}/_{92}$ de CO^3K^2. La quantité de CO^3Na^2 varie de 14-15 dans les $^{70}/_{75}$, à 3 à 4 dans les $^{88}/_{92}$.

Ils se vendent sur analyse à x francs le degré de carbonate.

Un carbonate 91 vaudra $91 \times x$.

	Analyses diverses :	
CO^3K^2	91,20	91,68
CO^3Na^2	1,70	2,47
KCl	1,75	1,50
SO^4K^2	4,78	2,91
Insoluble	0,19	0,4
Eau	0,30	0,30
Non dosé	0,08	0,74
	100,00	100,00

Potasse de suint. — Traitement des eaux qui ont servi au lavage des laines; même traitement que les vinasses.

La potasse raffinée renferme peu de CO_3Na_2 1,5 et contient un peu de silicate de soude.

Généralement $^{90}/_{92}$.

Potasse artificielle. — Se fabrique en partant du KCl, en le traitant soit par le procédé Leblanc ou Solvay. Ces potasses de suint et artificielles sont peu dans le commerce.

Cendres de bois. — On peut extraire, comme cela se faisait autrefois, la potasse des cendres de bois.

Caustification du CO_3K_2. — On peut la faire dans des appareils identiques à ceux décrits pour le CO_3Na_2. On opère toujours à 10º Baumé; il faut chauffer moins longtemps, car il peut y avoir recarbonatation. La potasse valant plus cher que la soude, il faut laver encore avec beaucoup plus de soin le dépôt de chaux.

La quantité de chaux à employer se détermine de la même manière :

$$CO_3K_2 + CaO + H_2O = CO_3Ca + 2KOH$$

12	
48	40
78	16
138	56

1 de CO^3K^2 demande 0,4057 de CaO.

Il faut tenir compte aussi de la quantité de chaux nécessaire pour caustifier le CO^3Na^2 qui se trouve avec.

Soit par exemple un carbonate $\begin{cases} 90\ ^0/_0\ CO^3K^2 \\ 4\ ^0/_0\ CO^3Na^2 \end{cases}$

$$90 \times 0{,}4057 = 36{,}513$$
$$4 \times 0{,}528\ \ = \ \ 2{,}112$$
$$\overline{\phantom{4 \times 0{,}528\ =\ }38{,}625\ \text{de CaO.}}$$

Mais, comme nous l'avons dit, la chaux n'est jamais pure, il faut augmenter cette proportion suivant la teneur en CaO.

Soit une chaux à 90 $^0/_0$, il en faudra alors $42^{kg},900$.

·Potasse caustique. — Le savonnier peut lui-même concentrer ses lessives de potasse au degré voulu, ou acheter de la potasse caustique solide qui se vend comme la soude caustique en cylindres. Elle est d'une couleur gris verdâtre.

$$^{60}/_{65} \qquad ^{75}/_{80} \qquad ^{80}/_{85}$$

Mais ici c'est le $^0/_0$ de KOH et non de K^2O comme pour les soudes.

La quantité de CO^3Na^2 varie, 4,5 ($^{60}/_{65}$), 2 ($^{75}/_{80}$), 0,1 dans les 80-85. — NaOH, 7,60 ($^{60}/_{65}$), 3 ($^{75}/_{80}$), 1 ($^{80}/_{85}$).

$$\textit{Sels neutres}\ \begin{cases} 6\ ^0/_0 & ^{60}/_{65} \\ 4\ ^0/_0 & ^{75}/_{80} \\ 1\ ^0/_0 & 80\text{-}85 \end{cases}$$

Analyse des potasses. — Se fait comme celle des soudes, avec la liqueur normale de SO_4H_2 $^{49}/_{000}$.

$$1^{cc} \text{ liqueur } SO_4H_2 \text{ sature } 0,069 \; CO_3K_2$$
$$1^{cc} \quad — \quad — \quad — \quad 0,047 \; K_2O$$
$$1^{cc} \quad — \quad — \quad — \quad 0,056 \; KOH$$

Degré alcalimétrique = Degré pondéral $\times$ 1,042

$1CO_3K_2 = 0,818 \; KOH \qquad 1CO_3K_2 = 0,681 \; K_2O$

En dosant les potasses, on a le total potasse + soude. Pour doser la quantité de soude existant dans une potasse, on se base sur l'insolubilité dans l'eau du chloroplatinate de K.

Dosage de la potasse et de la soude combinées.

1º On amène les deux alcalis à l'état de *chlorures* ;

2º *Évapore* à siccité au bain-marie après addition de chlorure platinique en excès aussi neutre que possible ;

3º On reprend par de *l'alcool* à 80-85 $^0/_0$ où le chloroplatinate de K est insoluble et celui de Na soluble. On filtre après digestion ;

4º *Sèche* à 130º et pèse $PtCl_4, 2KCL$.

1 partie de chloroplatinate = 0,1946 K_2O.

On peut encore doser à l'état de sulfate ou de chlorure, puis ensuite on dose l'acide sulfurique ou le chlore par les méthodes connues.

Soit p de Cl (nitrate d'argent), x KCl et y NaCl.
P poids des chlorures.

$$\begin{cases} y = \dfrac{p - 0{,}4765 \times P}{0{,}1303} \\ x = P - y \end{cases}$$

Si la soude contient des sulfates, on traite par eau de baryte, puis on précipite excès de baryte par du carbonate AzH^3.

TABLE

Indiquant la richesse en CO^3K^2 d'une lessive de densité donnée.

% CO^3K^2	Poids spécifique.	% CO^3K^2	Poids spécifique.	% CO^3K^2	Poids spécifique.
1	1,0091	15	1,1417	29	1,2899
2	1,0182	16	1,1520	30	1,3010
3	1,0274	17	1,1622	31	1,3126
4	1,0365	18	1,1724	32	1,3241
5	1,0457	19	1,1826	33	1,3357
6	1,0551	20	1,1928	34	1,3472
7	1,0645	21	1,2034	35	1,3588
8	1,0739	22	1,2140	36	1,3708
9	1,0833	23	1,2245	37	1,3827
10	1,0927	24	1,2351	38	1,3947
11	1,1025	25	1,2457	39	1,4067
12	1,1123	26	1,2568	40	1,4187
13	1,1321	27	1,2678	45	1,4804
14	1,1319	28	1,2789	46	1,544

TABLEAU (d'après SCHAEDLER)

Des quantités d'alcali anhydre et hydrates contenues à 15° centigrades dans une lessive de poids spécifique donné.

Degré Baumé.	Poids spécifique.	Na^2O	NaOH	K^2O	KOH
5,0	1,0360	2,60	3,35	3,80	4,50
5,5	1,0397	2,85	3,67	4,25	5,05
6,0	1,0435	3,10	4,00	4,70	5,60
6,5	1,0473	3,35	4,32	5,05	6,00
7,0	1,0511	3,60	4,64	5,40	.6,40
7,5	1,0549	3,85	4,96	5,80	6,80
8,0	1,0588	4,10	5,29	6,20	7,40
8,5	1,0627	4,32	5,58	6,55	7,80
9,0	1,0667	4,55	5,87	6,90	8,20
9,5	1,0706	4,82	6,21	7,30	8,70
10,0	1,0746	5,08	6,55	7,70	9,20
10,5	1,0787	5,37	6,76	8,10	9,65
11,0	1,0827	5,67	7,31	8,50	10,10
11,5	1,0868	5,84	7,66	8,85	10,50
12,0	1,0909	6,20	8,00	9,20	10,90
12,5	1,0951	6,46	8,34	9,65	11,45
13,0	1,0992	6,73	8,68	10,10	12,00
13,5	1,1035	7,06	9,05	10,45	12,45
14,0	1,1077	7,30	9,42	10,80	12,90
14,5	1,1120	7,55	9,74	11,25	13,35
15,0	1,1163	7,80	10,06	11,60	13,80
15,5	1,1206	8,65	10,51	12,00	14,30
16,0	1,1250	8,70	10,97	12,40	14,80
16,5	1,1294	8,84	11,42	12,80	15,25
17,0	1,1339	9,18	11,84	13,20	15,70
17,5	1,1383	9,49	12,24	13,55	16,10
18,0	1,1423	9,80	12,64	13,90	16,50
18,5	1,1474	10,15	13,00	14,35	17,15
19,0	1,1520	10,50	13,55	14,80	17,60

TABLEAU (*suite*)

Degré Baumé.	Poids spécifique.	Na^2O	NaOH	K^2O	KOH
19,5	1,1566	10,82	13,86	15,20	18,10
20,0	1,1613	11,14	14,37	15,60	18,60
20,5	1,1660	11,43	14,75	16,00	19,05
21,0	1,1707	11,73	15,13	16,40	19,50
21,5	1,1755	12,03	15,50	16,80	20,00
22,0	1,1803	12,33	15,91	17,20	20,50
22,5	1,1852	12,66	16,38	17,60	20,95
23,0	1,1901	13,00	16,77	18,00	21,40
23,5	1,1950	13,55	17,22	18,40	21,90
24,0	1,2000	13,70	17,67	18,80	22,50
24,5	1,2050	14,05	18,12	19,20	22,85
25,0	1,2101	14,40	18,58	19,60	23,30
25,5	1,2152	14,74	19,08	19,95	23,75
26,0	1,2202	15,18	19,58	20,30	24,20
26,5	1,2255	15,57	20,08	20,70	24,65
27,0	1,2308	15,96	20,59	21,10	25,10
27,5	1,2361	16,36	21,00	21,50	25,60
28,0	1,2414	16,76	21,42	21,90	26,10
28,5	1,2468	17,18	22,03	22,30	26,50
29,0	1,2522	17,55	22,64	22,70	27,00
29,5	1,2576	17,85	23,15	23,10	27,50
30,0	1,2632	18,35	23,67	23,50	28,00
30,5	1,2687	18,78	24,24	23,85	28,45
31,0	1,2743	19,23	24,81	24,20	28,90
31,5	1,2800	19,61	25,30	24,60	29,35
32,0	1,2857	20,00	25,80	25,00	29,80
32,5	1,2905	20,40	26,31	25,40	30,25
33,0	1,2973	20,80	26,83	25,80	30,70
33,5	1,3032	21,02	27,31	26,25	31,25
34,0	1,3091	21,55	27,80	26,70	31,80
34,5	1,3151	21,95	28,31	27,10	32,25
35,0	1,3211	22,35	28,83	27,50	32,70
35,5	1,3272	23,20	29,38	27,90	33,20

TABLEAU (*suite*)

Degré Baumé.	Poids spécifique.	Na²O	NaOH	K²O	KOH
36,0	1,3333	23,47	29,93	28,30	33,70
36,5	1,3395	23,75	30,57	28,80	34,30
37,0	1,3458	24,20	31,22	29,30	34,90
37,5	1,3521	24,68	31,85	29,75	35,40
38,0	1,3585	25,17	32,47	30,20	35,90
38,5	1,3649	25,68	33,08	30,60	36,40
39,0	1,3714	26,12	33,69	31,00	36,90
39,5	1,3780	26,61	34,38	31,40	37,35
40,0	1,3846	27,10	34,96	31,80	37,80
40,5	1,3913	27,60	35,65	32,25	38,35
41,0	1,3981	28,10	36,25	32,70	38,90
41,5	1,4049	28,58	36,86	33,10	39,40
42,0	1,4118	29,05	37,47	33,50	39,90
42,5	1,4187	29,56	38,13	33,95	40,40
43,0	1,4267	30,08	38,80	34,40	40,90
43,5	1,4328	30,54	39,39	34,90	41,50
44,0	1,4400	31,00	39,99	35,40	42,10
44,5	1,4472	31,50	40,75	35,95	42,75
45,0	1,4545	32,10	41,41	36,50	43,40
45,5	1,4619	32,65	42,12	37,00	44,00
46,0	1,4694	33,20	42,83	37,50	44,60
46,5	1,4769	33,80	43,66	38,00	45,20
47,0	1,4845	34,40	44,38	38,50	45,80
47,5	1,4922	35,05	45,27	39,05	46,45

V. — Chaux.

Nature. — Analyse. — La chaux, qui sert à la caustification des lessives et dont nous verrons plus loin l'emploi en stéarinerie (glycérine), doit être choisie aussi pure que possible, c'est-à-dire contenant beaucoup de CaO.

La quantité de CaO varie de 60 à 100 $^o/_o$ (chaux faite avec du marbre pur). Autant que possible, il faut utiliser des chaux grasses contenant 80-90 $^o/_o$ de CaO.

La chaux grasse arrosée d'eau doit foisonner violemment avec une grande augmentation de volume ; elle ne doit pas renfermer d'incuits et ne doit pas faire effervescence par HCL, ce qui indiquerait la présence de CO^2.

Densité des laits de chaux.

	CaO dans 100 kilogr.	CaO dans 100 litres.
1,074	10,6	13,3
1,091	11,6	15,2
1,107	12,7	17,0
1,125	13,7	18,9
1,142	14,7	20,7
1,161	15,7	22,4
1,180	16,5	24,0
1,199	17,2	25,3
1,220	17,8	26,3
1,241	18,3	27,0
1,262	18,7	27,7

Analyse des chaux. — La chaux vive commerciale est un mélange de CaO, CO^3Ca (ce dernier en plus ou moins grande proportion suivant que la combustion a été plus ou moins bien faite) et de matières inertes (pierres, etc.).

1º *Dosage CaO, CO³Ca.* — On dissout la chaux dans HCl, puis on ajoute SO⁴H² au liquide filtré : On a So⁴Ca, on ajoute un volume double d'alcool. Le précipité filtré et calciné donne le poids de chaux en CaO, en le multipliant par 0,4118.

2º *CaO.* — Il est soluble dans la sucrose, tandis que CO³Ca, Al, Mg ne le sont pas. On dissout 1 gramme de chaux finement pulvérisé dans 150ᶜᶜ d'une solution de sucre de canne à 10 %, on filtre, et on titre par une liqueur titrée de HCl (36ᵍʳ,5 de HCl par litre).

On peut précipiter la chaux de sa dissolution chlorhydrique par l'oxalate de AzH³ (après saturation complète de la liqueur par AzH³).

On évite ainsi l'emploi de l'alcool; on transforme ensuite en chlorure, puis en sulfate, par addition, après une première incinération, de quelques gouttes de HCl, puis de SO⁴H².

On calcine ensuite comme dans (1).

Le carbonate de chaux obtenu après la caustification des lessives peut être employé en agriculture ou pour la fabrication de ciments.

VI. — Sel marin NaCl (Chlorure de sodium).

Solubilité. — Dénaturation. — Ce sel est
très employé en savonnerie soit en petite quantité, comme ajoute dans les savons, ce qui a la
propriété de les durcir, soit plutòt dans la fabrication. Le savon est insoluble dans une solution
de sel marin, aussi utilise-t-on cette propriété,
comme nous le verrons plus loin, pour purger
le savon de ses impuretés et fabriquer les savons
levés sur lessive. Le sel provient des mines de
sel gemme, soit plus généralement en France
des marais salants. Le sel de l'Ouest est en
général un peu plus gris que le sel du Midi.

Richesse des solutions de NaCl d'après leur densité à 15°.

Sel %.	Densité.	Sel %.	Densité.	Sel %.	Densité.
1	1,0072	11	1,0810	21	1,1593
2	1,0145	12	1,0886	22	1,1675
3	1,0217	13	1,0962	23	1,1758
4	1,0290	14	1,1038	24	1,1840
5	1,0362	15	1,1115	25	1,1923
6	1,0436	16	1,1194	26	1,2010
7	1,0511	17	1,1270	26,4	1,2049
8	1,0585	18	1,1352		(solution
9	1,0659	19	1,1431		saturée).
10	1,0733	20	1,1511		

Le sel, en France, est assujetti à des droits élevés ; mais les savonniers peuvent se faire exempter de ce droit en *faisant dénaturer* le sel qu'ils emploient, soit au moyen d'une lessive de soude caustique, soit au moyen de 5 % de carbonate de soude en poudre. Ces opérations doivent être faites en présence des agents des contributions indirectes.

VII. — Eaux.

La question des eaux est très importante en savonnerie, car on en emploie beaucoup pour la fabrication des lessives, du savon, et pour alimenter les générateurs de vapeur. C'est surtout pour ce dernier usage qu'il faut avoir de l'eau bien pure, pour éviter les accidents de chaudières ou du moins une dépense exagérée de combustible due à la non-conductibilité des dépôts sur les tôles des chaudières.

Si l'importance de l'usine le permet, on installe des épurateurs qui purifient l'eau avant son entrée aux chaudières ; si non, on se sert de désincrustants qui évitent un peu l'adhérence des dépôts dont on se débarrasse par des vidanges. Pour la fabrication du savon il n'y a que les eaux sales, de mauvaise odeur ou salées, qui puissent gêner.

VIII. — Matières diverses (ajoutes).

En dehors des matières dont nous venons de parler et qui sont nécessaires à la fabrication du savon, on en emploie plusieurs autres généralement comme ajoutes (augmentation de rendement d'où diminution de prix) ou pour communiquer au savon certaines qualités spéciales.

NaCl, CO^{3}K^2, CO^{3}Na^2 sont employés comme ajoutes. Les savons peuvent supporter beaucoup plus des deux derniers sels que du premier, car ils tendent beaucoup moins à séparer la pâte. Le carbonate de soude mis en excès dans le savon, ainsi que l'excès de caustique, fait pousser le savon au sel, c'est-à-dire qu'il se couvre d'efflorescences blanchâtres. Le carbonate de potasse n'a pas ce défaut qu'il tend même à atténuer, et donne beaucoup de liant aux pâtes.

SiO^{3}Na^2 (*silicate de soude*). — C'est une des ajoutes les plus employées dans les savons durs.

La faveur dont elle jouit est due à ce qu'elle est constituée par un alcali (soude) dont la causticité est neutralisée par un acide faible (acide silicique).

Cette substance est donc un sel analogue aux margarates, stéarates, etc.; d'ailleurs comme eux elle est douée de propriétés détersives.

Ce corps est préparé en faisant fondre du sable blanc avec du CO^{3}Na^2. La matière vitreuse obtenue est broyée et amenée en dissolution dans des appareils spéciaux par un jet de vapeur.

En France, on le trouve à état de dissolution claire et limpide, marquant environ 35º Baumé.

Composition moyenne.		
Na^{2}O	6,60
Acide cilicique	26,60
Eau	66,80
	100,00

On trouve aussi le silicate anglais, qui se présente à état d'une masse presque solide à 59º,5 Baumé.

Ce silicate est moins avantageux que le

premier, car il contient une forte proportion de NaOH libre.

$$\left\{ \begin{array}{ll} Na^2O & 18,00 \\ SCO^2 & 33,00 \\ Eau & 49,00 \end{array} \right.$$

La proportion de Na^2O pour 33 de SCO^2 devait être 8. Si le savonnier a besoin d'ajouter dans sa pâte un peu d'alcali en plus, il peut toujours le faire d'une façon précise.

Dans les savons mous on ajoute quelquefois du silicate de potasse, fabriqué de la même façon.

Parmi les autres ajoutes, nous trouvons *le KCl* (savons durs et mous), le sulfate de soude (durs et mous), le glucose (savons durs). La température du savon où l'on met le glucose ne doit pas dépasser 60°, autrement il se colorerait en brun ; il en est de même pour l'amidon (amidon de riz principalement, savons durs), et la fécule de pomme de terre qui, étant capable d'absorber beaucoup d'eau, est très employée dans la fabrication des savons mous. Elle donne de la souplesse à la pâte, la rend transparente et aide à sa conservation. On ajoute encore quelquefois aux savons mous une dissolution de lichen Carraghun, mélasse, ou de la pulpe de pomme de terre qui remplace la fécule dans les savons mous très communs, car elle coûte beaucoup moins cher; elle absorbe aussi moins d'eau.

Nous verrons plus loin, au chapitre *Analyse des savons*, les moyens employés pour reconnaître la présence de ces corps dans les savons. Le silicate de soude a l'inconvénient de laisser des traces de silice sur les tissus, ce qui l'exclut des savons industriels.

CHAPITRE III

DÉCOMPOSITION DES CORPS GRAS NEUTRES
GLYCÉRINE

I. — Nature, etc., emplois de la glycérine.

$$\text{La glycérine} \quad C^3H^5{\Large<}\!\!\begin{array}{l} OH \\ OH \\ OH \end{array}$$

Comme nous l'avons indiqué au début de ce livre, la glycérine est un alcool qui, s'unissant aux acides gras, donne les éthers gras ou glycérides; c'est un alcool trivalent. La glycérine pure est un liquide incolore, sirupeux, inodore, d'une saveur sucrée; sa densité à 15° centigrades = environ 1,265.

Exposée à l'air, elle attire l'humidité. Elle dissout avec énergie un grand nombre de matières; ainsi, par exemple, la chaux.

Glycérine dans 100cc solution.	Chaux dans 100cc.
10,00	0,370
5,00	0,24
2,86	0,196
2,50	0,192
2	0,186
1	0,165
0	0,148

(Berthelot.)

La vente de la glycérine, qui se faisait autrefois au degré Baumé, se fait maintenant suivant la densité à 15° centigrades, ce qui supprime toute espèce de contestation, étant données les divergences au sujet de l'aréomètre Baumé.

Les usages de la glycérine sont très nombreux. En voici quelques-uns: fabrication de la nitroglycérine (combinaison de la glycérine (alcool) avec un acide (nitrique) suivant les lois générales de l'action des acides sur les alcools); fabrication du vinaigre, des savons à la glycérine, de la moutarde, des rouleaux d'imprimerie, qui sont constitués par un mélange de gélatine et de glycérine. On s'en sert encore pour le graissage des organes délicats des machines, etc. La glycérine constitue un sous-produit de haute valeur; nous allons étudier maintenant les différents procédés d'extraction.

On peut les ranger en deux classes :

1o Ceux dans lesquels on extrait la *glycérine directement des corps gras.* (Les acides gras sont ensuite employés en savonnerie, et surtout en stéarinerie, pour la fabrication des bougies.)

2o Ceux dans lesquels on extrait la glycérine des *lessives usées de savonnerie.*

Nous verrons dans ces procédés le point de vue extraction de la glycérine, et le point de vue fabrication des acides gras dans les meilleures conditions possible (couleur, rendement, prix, etc), suivant les usages auxquels ils sont destinés. Je rappelle ici la formule suivant laquelle les corps gras se décomposent au contact des bases alcalines.

$$C^3H^5(C^{18}H^{35}O^2)^3 \ + \ 3NaOH \ = \ C^3H^5(OH^3) \ + \ 3C^{18}H^{35}NaO^2$$

stéarine   soude   glycérine   savon

Glycérine cristallisée. — On ne sait pas dans quelles conditions la glycérine peut cristalliser, car en la refroidissant on ne peut obtenir de cristaux. En 1867, dans un tonneau envoyé de Vienne à Londres en hiver, on trouva la glycérine cristallisée, et Crookes montra ces cristaux à la Société chimique de Londres.

Les individus cristallins de 1867 ont eu une postérité, on les a semés sur de la glycérine en surfusion et ils s'y sont reproduits. M. Hoogewers en a montré de nombreux exemplaires aux naturalistes réunis à Utrecht (1891).

A l'usine Sarg (Vienne), on en pratique l'élevage. Les conditions dans lesquelles cette espèce de glycérine peut subsister ont été étudiées. Elle ne résiste pas à une température de 18° au-dessus de 0, et cependant la glycérine ordinaire ne se solidifie pas même à — 18° au-dessous de 0.

Donc, si cette espèce, ou plutôt état particulier, de la glycérine n'était pas conservée avec soin, il suffirait d'un été pour faire disparaître tout ce qui en existe à la surface du globe.

La glycérine ordinaire est donc dans un état de surfusion, état qui a été étudié pour de nombreux autres sels, et que l'on ne peut faire cesser que par l'introduction d'un cristal du sel au sein de la liqueur.

II. — Procédés d'extraction.

Le premier moyen employé pour séparer les acides gras de la glycérine est la

1° Saponification à la chaux. — De Milly et Motard, se basant sur les travaux de Chevreul, eurent l'idée de remplacer la potasse et la soude coûtant trop cher par la chaux pour obtenir les acides gras destinés à la fabrication des bougies.

$$2C^3H^5(C^{18}H^{35}O^2)^3 + 3Ca(OH)^2 = 2C^3H^5(OH)^3 + 3(C^{18}H^{35}O^2)^3Ca$$

Dans une cuve en bois garnie de plomb on met la quantité de matière grasse (suif) à saponifier avec un poids égal d'eau. On l'amène à l'ébullition avec un barboteur de vapeur; puis on y fait couler un lait de chaux contenant 14-15° de chaux $^0/_0$ du corps gras. Généralement un agitateur aide à maintenir la masse en mouvement. On fait bouillir jusqu'à saponification complète. On laisse alors reposer et on décante l'eau glycérineuse; on peut laver le précipité pour bien éliminer la glycérine. Le savon calcaire est alors décomposé par un acide, généralement SO^4H^2, qui donne du SO^4Ca et met les acides gras en liberté, ceux-ci viennent flotter à la surface.

On les lave par une ou deux ébullitions avec de l'eau pure.

Ce procédé n'est presque plus jamais employé, quoiqu'il donne de très beaux acides gras et une très belle glycérine. D'abord, il faut beaucoup d'acide sulfurique.

$$SO^4H^2 \ + \ CaO \ + \ H^2O \ = \ SO^4Ca \ + \ 2H^2O$$

$$
\begin{array}{cc}
32 & \\
64 & 40 \\
2 & 16 \\
\hline
98 & 56
\end{array}
$$

Donc 1 kilogramme de chaux demande $1^k,75$ de SO^4H^2. Si l'on a employé 15 kilogrammes de chaux, il faut

$$15 \times 1,75 = 26,25 \ SO^4H^2$$

On est toujours forcé d'en employer un excès. De plus le dépôt de SO^4Ca, très volumineux, retient un peu de matière grasse, et il est difficile de s'en débarrasser.

De Milly trouva, et c'est le procédé le plus généralement adopté, que l'on pouvait réduire à 3 % la quantité de chaux en opérant *en auto-*

clave à 8 kilogrammes environ, soit à une température d'environ 172.

Ces deux autoclaves (fig. 9), dont l'un est muni

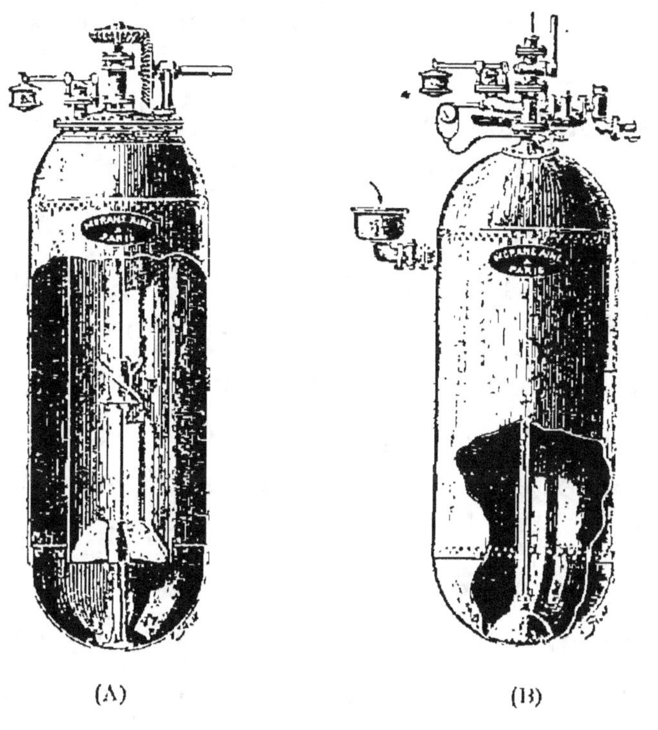

Fig. 9. — Autoclave Morane aîné.
A. Avec agitateur. — B. Sans agitateur.

d'un agitateur et l'autre en est dépourvu, sont en cuivre rouge. Ils portent une soupape de sûreté et sont chauffés par la vapeur entrant directement dedans. Dans les autoclaves sans agitateur, il faut que l'on puisse chauffer par le haut et par le bas; ils servent plutôt pour la saponification basique en savonnerie (Voir plus loin).

On introduit la matière grasse dans l'appareil avec la chaux à l'état de lait et on chauffe 7 à 8 heures.

Ensuite on laisse baisser la pression; et quand elle est vers 2 kilogrammes environ, on ouvre le robinet de vidange généralement placé à la partie supérieure, et portant un tuyau allant au fond de l'autoclave. La pression fait remonter par ce tuyau le contenu de la chaudière qui se déverse dans un bac en bois garni de plomb. Les eaux glycérineuses sont décantées, et le savon calcaire mélangé à une grande quantité d'acides gras libres est décomposé par SO^4H^2.

Comme on le voit, le procédé est plus économique que le premier, tout en donnant des acides gras à peu près aussi beaux, quoique un peu plus colorés.

2° Saponification basique en savonnerie. — Le procédé précédent est encore un peu compliqué pour les fabricants de savon. En effet, pour les stéariniers il est nécessaire d'avoir une décomposition du corps neutre aussi complète que possible; pour les savonniers, ceci n'est pas aussi nécessaire.

Les procédés employés en savonnerie reposent sur l'emploi de l'autoclave dans les mêmes conditions, mais on remplace la chaux par la magnésie 1 à 1 $\frac{1}{2}$ %. On n'a besoin que d'une très petite quantité d'acide sulfurique; de plus, le SO^4Mg étant soluble dans l'eau n'occasionne aucun dépôt gênant. On emploie aussi de la poudre de zinc (blanc de zinc); ici il n'y a même pas besoin de faire de lavage acide, car dans la fabrication du savon le Zn s'élimine à l'état de zincate de sodium.

Les matières grasses ne sont guère décomposées qu'à 89-92 %, au lieu 96-98 comme en stéarinerie.

3º Saponification par l'eau seule. — Melsens et Tilghman avaient trouvé que l'on pouvait opérer par l'eau seule sans ajouter de base; mais alors il faut opérer à une pression plus élevée, 12-15 kilogrammes. La température étant beaucoup plus élevée, les acides gras deviennent un peu foncés et ne donnent pas des savons aussi beaux. De plus, à cette pression élevée les appareils se détériorent promptement. Aussi ce genre de déglycérination est-il peu employé.

Quel que soit le système employé, les acides gras ne donnent pas des savons aussi beaux que les huiles dont ils proviennent.

L'ébullition avec l'eau acide doit être faite rapidement et autant que possible à l'abri de l'air, pour éviter que la coloration ne vienne à s'accentuer pendant cette opération.

4º Concentration de la glycérine. — Les petites eaux glycérineuses provenant des différents procédés que nous venons d'indiquer ont besoin d'être concentrées pour être amenées à 28º Baumé, D $= 1,240$ à 15º centigrades. Les petites eaux brutes marquent environ 3 à 5º Baumé.

1º *Ébullition à feu nu.* — La glycérine, étant trop fortement chauffée, se colore ; de plus, la chaux qui était en dissolution dans la glycérine, se précipitant par l'ébullition, fait souvent brûler le fond des chaudières.

2º *Ébullition par serpentin de vapeur.* — Procédé préférable au précédent, mais la glycé-

rine se colore encore et on a une perte de glycérine par évaporation comme dans le premier
cas d'ailleurs. En effet, la température d'ébullition, correspondant à 28º Baumé, est d'environ
130-132º centigrades. Or la glycérine commence
un peu à se volatiliser à cette température.

3º *Évaporation en couche mince* à tempéra-

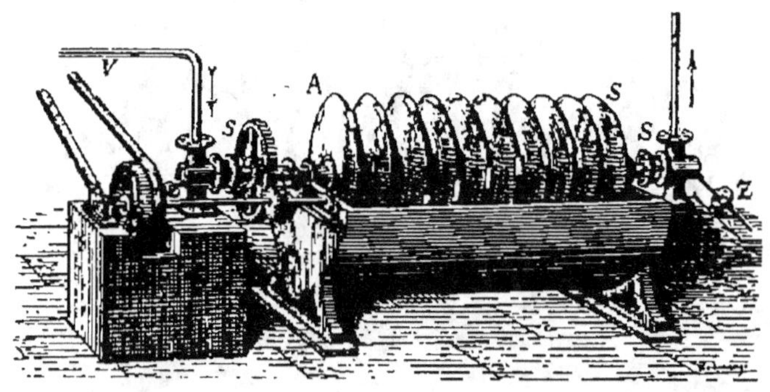

Fig. 10. — Évaporateur lenticulaire Droux.

ture inférieure à celle de l'ébullition. Ce procédé,
bien préférable aux précédents comme bon résultat et économie (il permet en effet d'utiliser
les vapeurs d'échappement des machines à
vapeur), est employé presque partout.

On se sert généralement d'appareils lenticu-
laires du type de celui que nous indiquons ici
(fig. 10).

La vapeur entre par une des extrémités de

l'arbre, remplit chacune des lentilles. Celles-ci, tournant dans le liquide, se chargent d'une mince couche d'eau glycérineuse qui s'évapore rapidement.

L'eau de condensation est puisée par des cuillers situées dans les lentilles. Ces cuillers

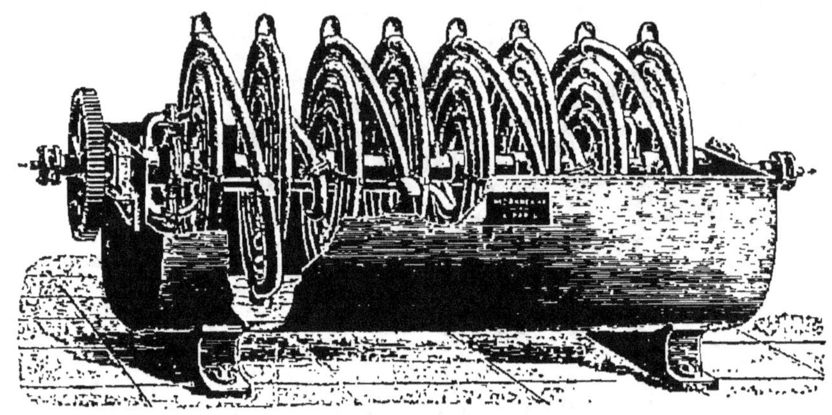

Fig. 11. — Évaporateur Morane aîné.

ont un manche creux par où l'eau s'écoule et gagne l'autre extrémité de l'arbre qui l'évacue au dehors. On emploie aussi des appareils où le système lenticulaire est remplacé par un système de serpentins (fig. 11).

La vapeur va du centre à l'extérieur dans le premier serpentin, de l'extérieur au centre dans le second, et ainsi de suite. Le cinquième serpentin reçoit de la vapeur directe et le circuit recommence.

Lorsque les appareils sont trop chargés de sel calcaire, on les fait tourner quelques instants dans de l'eau contenant un peu de HCl.

4° Le quatrième système, qui ne peut être employé que dans les grandes usines où il y a une grande masse d'eau glycérineuse à traiter, est la *concentration à basse température dans le vide* dans des appareils analogues à ceux employés en sucrerie.

On évite ainsi la coloration, les pertes par volatilisation, etc.

Dans les usines où ce système est installé, il est généralement combiné avec la concentration dans le vide des lessives caustiques.

On peut, par exemple, employer l'évaporateur Kestner déjà indiqué pour la concentration des lessives.

5° Filtrage de la glycérine. — Cette opération a besoin d'être faite au moins deux fois, une fois au début et une autre à la fin ; généralement on en fait une autre au milieu de la concentration. Les filtres employés sont presque toujours des filtres-presses ou filtres à plateaux (fig. 12).

Les matières insolubles se déposent entre les plateaux qu'il suffit d'écarter pour les nettoyer.

Fig. 12. — Filtre-presse (Simoneton).

Les serviettes qui garnissent les plateaux sont en tissu spécial.

6° Saponification sulfurique. — L'acide sulfurique concentré, en agissant sur les matières grasses neutres, donne des acides sulfogras et met la glycérine en liberté.

Par ébullition ensuite avec de l'eau chargée de SO_4H_2, ces acides gras sulfo-conjugués se décomposent en acides gras ordinaires et en acide sulfurique qui se dissout dans l'eau. Ces

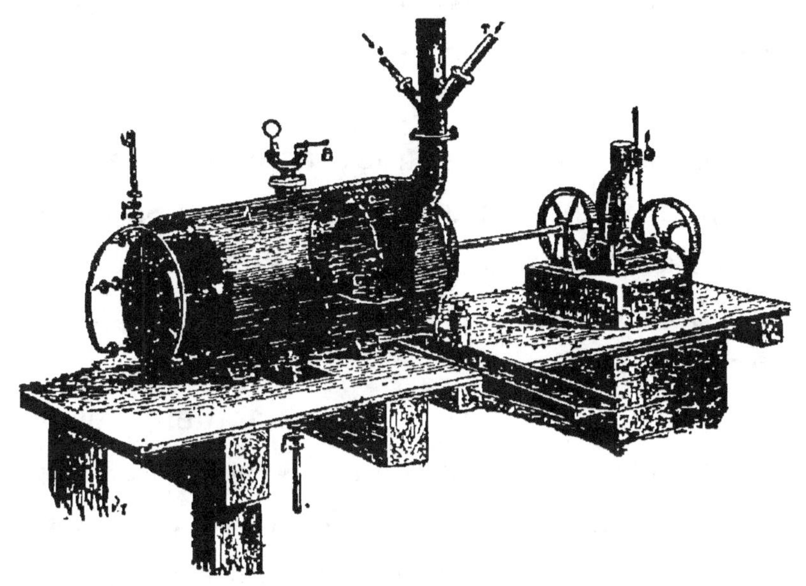

Fig. 13. — Appareil à acidifier (Droux).

acides gras sont fortement colorés par des goudrons qui se forment pendant la réaction.

Si l'on traite par exemple 50 grammes d'huile par 25 grammes de SO_4H_2 à froid, et que l'on ajoute ensuite de l'eau sans faire chauffer, les acides sulfo-gras viennent surnager. Ils se présentent sous l'aspect d'un liquide épais et visqueux à chaud.

En traitant ces acides gras sulfo-conjugués par de la soude, on obtient des sulfo-stéarates, sulfo-oléates, etc., qui présentent des différences assez grandes avec les stéarates, oléates, etc., ordinaires.

Enfin on remarque que, dans les matières grasses traitées ainsi, la proportion des acides gras solides est plus grande que dans les acides gras obtenus par les procédés décrits précédemment.

Le procédé employé à l'heure actuelle résulte des travaux de Wilson et Gwyne (1840), de Lievens-Bauwens (1850), Frémy (1855), Knab, de Milly, etc. : on chauffe les matières grasses à 120º avec 5 $^0/_0$ de SO^4H^2 concentré dans un appareil à double enveloppe muni d'un agitateur mécanique.

Quelquefois on met un peu plus d'acide, 8 à 9 $^0/_0$; souvent aussi on fait précéder cette opération d'un barbotage de vapeur à 250º avec 1,5 à 2,5 de SO^4H^2 (compris dans les 8 à 9 $^0/_0$).

L'opération terminée, on laisse écouler le tout dans de l'eau à ébullition. On laisse bouillir un certain temps, car on a remarqué que l'acidification se continue pendant cette ébullition. On lave ensuite une ou deux fois les acides gras à l'eau bouillante.

Les acides gras sont noirs et ont besoin d'être distillés (Bougies stéariques).

7° Extraction de la glycérine. — Les eaux acides sont saturées par de la chaux et concentrées. Il est bon, lorsqu'on a concentré vers 17-18° Baumé, de laisser refroidir pour laisser déposer le SO^4Ca moins soluble à chaud qu'à froid. On concentre ensuite à nouveau au degré voulu.

Cette glycérine est fortement colorée.

8° Procédés particuliers de déglycérination. — On commence à utiliser pour la décomposition des corps neutres un procédé (Connestein) basé sur l'action de la graine de ricin sur la matière neutre en présence d'eau acidulée (acétique, sulfurique, etc.). La graine de ricin renferme une diastase spéciale qui décompose les matières neutres en acides gras et glycérine. L'opération se fait à froid, aussi obtient-on des acides gras très beaux; les eaux glycérineuses qui dissolvent une certaine quantité des matières constituant la graine ont besoin d'une épuration (noir animal, etc.).

Procédé Twitchell. — On fait bouillir à l'abri de l'air, pour éviter la coloration, les matières neutres avec de l'eau légèrement acidulée par SO^4H^2 et un produit spécial.

9º Extraction de la glycérine des lessives épuisées de savonnerie.

— Lorsque le savon est fabriqué avec les matières grasses neutres, la glycérine se retrouve dans les lessives salées sous-jacentes, comme nous le verrons plus loin.

Elles marquent en général 14-16º Baumé.

On commence par précipiter les matières savonneuses, gomme, etc., par une addition de chaux à la lessive chaude. 5 à 6 kilogrammes par 1000 kilogrammes de lessive. Par décantation ou filtration, si cela est nécessaire, on obtient une lessive claire. Celle-ci est ensuite saturée par un acide puissant, généralement l'acide chlorhydrique, quelquefois SO^4H^2, de façon à neutraliser le plus exactement possible l'alcali généralement carbonaté qui reste dans les lessives.

La lessive à nouveau filtrée ou décantée est évaporée dans les appareils rotatifs dont nous

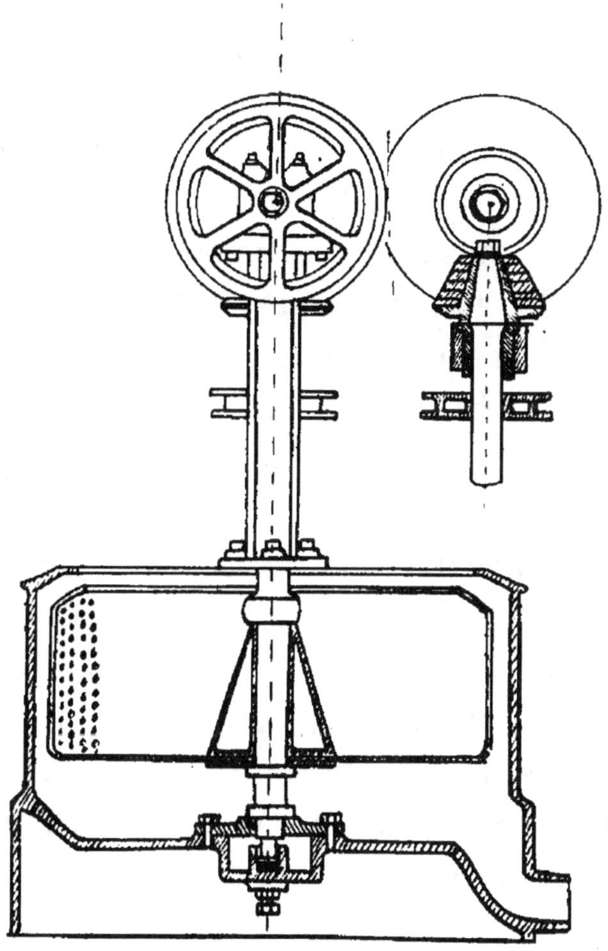

Fig. 14. — Turbine essoreuse.

avons parlé plus haut jusqu'à une densité de 31-32° Baumé.

Le sel se précipite dans la cuve de l'appareil ; on le retire et on le sèche généralement dans des turbines centrifuges analogues à celles employées en sucrerie (fig. 14).

La lessive à 31-32° Baumé est mise à refroidir, elle précipite encore des sels et un certain nombre d'impuretés encore en suspension.

Elle est ensuite concentrée jusqu'à 34-35° Baumé, de façon à ce qu'elle ait une densité de 1,300 à 15° centigrades.

C'est ce que l'on appelle la glycérine de lessives à 80 %, elle ne doit pas contenir plus de 10 % de cendres.

Cette glycérine bout à 154-155°.

Lorsque les lessives proviennent de soude brute sulfureuse, il faut désulfurer la glycérine et détruire les sulfates et hyposulfites en ajoutant un excès de SO^4H^2 et en faisant barboter un fort courant d'air.

On peut encore employer pour le glycérine de lessives des appareils à concentrer dans le vide, par exemple ceux du *système Kestner*.

C'est un appareil à vide barométrique. L'ap-

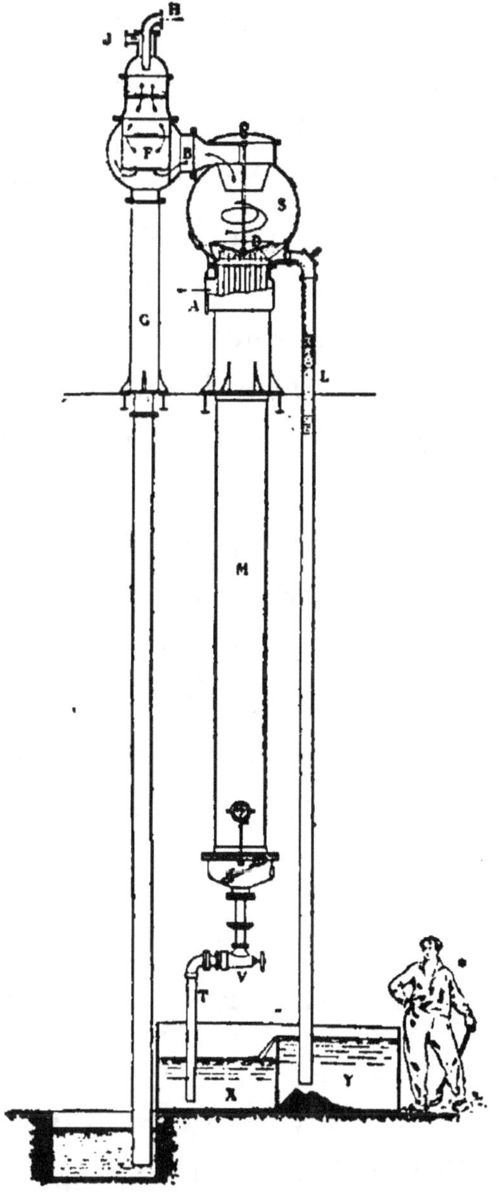

Fig. 15. — Évaporateur système Kestner.

pareil marche à circulation, l'aspiration T et la décharge L plongent toutes deux dans un réservoir à deux compartiments ouverts. Le liquide aspiré en T redescend barométriquement par L, dépose son sel dans le compartiment Y, et par un trop-plein se déverse dans le compartiment X, d'où il est aspiré à nouveau par l'évaporateur. Les sels qui se séparent durant la concentration se déposent dans le compartiment Y du réservoir placé sur le sol.

Ce réservoir est ouvert, les opérations de séchage du sel sont donc des plus simples.

Malgré tout, il peut se déposer un peu de sel à l'intérieur des tubes; aussi peut-on facilement mettre le tuyau d'aspiration en communication avec un compartiment contenant le liquide initial qui redissout le sel.

III. — Distillation de la glycérine.

La glycérine de lessive a besoin d'être distillée pour les usages industriels, mais cette opération est généralement pratiquée dans des usines spéciales.

La glycérine d'autoclave a besoin de subir le même traitement pour plusieurs usages (pharmacie, etc.).

Pour distiller, on fait barboter dans la glycérine de la vapeur surchauffée à 170° centigrades ou un peu plus.

La glycérine doit être légèrement acidulée.

On la recueille dans des récipients où elle se condense. Il faut éviter avec soin l'accès de l'air, car la glycérine distillée se colorerait.

Procédé particulier. — C'est un procédé basé sur les expériences de Berthelot sur la synthèse des corps gras neutres. Il a pour but de transformer la glycérine de lessives en glycérine de saponification beaucoup plus pure (Procédé Droux et Depoully).

On chauffe dans un autoclave à double fond muni d'un agitateur la glycérine de lessives, en présence d'acide oléique dans une atmosphère de CO_2. La température est de 170-175°; l'eau s'évapore d'abord, puis ensuite il se reforme une matière grasse neutre (oléine), que l'on lave pour la débarrasser des sels et que l'on peut ensuite traiter à l'autoclave.

Blanchiment de la glycérine. — La glycérine de saponification peut être facilement blanchie pour certains usages; pour cela on la traite par du noir animal, soit en poudre fine, soit en grains, comme dans les raffineries de sucre. La glycérine doit être légèrement acidulée.

IV. — Analyse de la glycérine.

Densité. — Est prise au moyen de la balance de Mohr-Westphal ou de densimètres spéciaux à 15º centigrades.

Saponification	1,240 à 15º centigrades.
Lessives	1,300 à 15º	—
Chimiquement pure	1,260 à 15º	—

La correction pour la glycérine à la balance de Mohr, si la densité n'est pas exactement 15º, est de 0,0007.

Densités à + 15° des solutions aqueuses de glycérine donnant leur richesse en glycérine (Gerlach).

Glycérine %.	Densité 15°.	Glycérine %.	Densité 15°.	Glycérine %.	Densité 15°.
5	1,0122	62	1,1626	86	1,2292
10	1,0245	64	1,1682	88	1,2346
15	1,0367	66	1,1738	90	1,2400
20	1,0490	68	1,1794	91	1,2425
25	1,0620	70	1,1850	92	1,2454
30	1,0750	72	1,1906	93	1,2476
35	1,0885	74	1,1962	94	1,2501
40	1,1020	76	1,2018	95	1,2526
45	1,1155	78	1,2074	96	1,2552
50	1,1290	80	1,2130	97	1,2577
55	1,1430	82	1,2184	98	1,2602
60	1,1570	84	1,2238	100	1,2653

Matières volatiles à 160-170°. — En portant dans une petite capsule à 160-170° une petite quantité de glycérine et en laissant à cette température jusqu'à poids constant, l'eau et la glycérine se volatilisent; il reste les matières non volatiles à cette température.

On a ainsi une bonne indication sur la pureté de la glycérine.

Cendres. — Il faut calciner avec précaution sans porter au rouge, principalement s'il y a du NaCl. Dans le cas de glycérine de lessives ne contenant guère que du NaCl, on ajoute un peu de SO^4H^2, on calcine au rouge et on multiplie par 0,8 le résultat.

$$\left\{\begin{array}{ll} \text{Autoclave} & 0,4 \text{ à } 0,8 \\ \text{» acide} & 1 \text{ à } 3 \\ \text{» lessives} & 10 \end{array}\right\} \text{cendres.}$$

Dosage direct de la glycérine. — Il y a un grand nombre de procédés, nous en donnons deux (Procédé Bénédick Ulzer et Cantor à la triacétine) et le procédé au bichromate. Le premier a l'avantage de ne pas nécessiter de liqueurs spéciales s'altérant facilement.

Procédé à la triacétine. — Dans un petit ballon en verre, on met 1^9,5 à 2 grammes de glycérine concentrée avec 3 grammes d'acétate de potasse anhydre, 8 grammes ou centimètres cubes d'acide acétique anhydre.

On chauffe une demi-heure à l'ébullition au réfrigérant ascendant, puis on laisse refroidir ; le contenu du petit flacon doit être pris en masse dure. Il s'est formé de la triacétine un corps analogue (éther) à la tristéarine, trioléine, etc.

On ajoute 50^{cc} d'eau distillée, et on filtre sur

filtre humide dans un grand ballon. On neutralise exactement à froid en présence de phénolphtaléine par une liqueur faible de NaOH (pas plus de 20 grammes par litre).

Tout l'acide acétique libre non combiné à la glycérine est alors saturé.

On ajoute 60^{cc} de NA^2O (liqueur normale 31 grammes Na^2O ou 40 NaOH par litre), puis on fait bouillir vingt minutes.

On titre l'alcali en excès par SO^4H^2 normal (49 grammes par litre), soit x centimètres cubes.

$60 - x = y$ de SO^4H^2 (N) correspondant aux éthers. Or 1^{cc} de SO^4H^2 (N) correspond à 0,03067 de glycérine anhydre.

$y \times 0,03067 =$ quantité de glycérine anhydre contenue dans $1^g,5$ ou 2 grammes.

On passe facilement au $^0/_0$.

Si la glycérine à analyser contenait beaucoup de matières albuminoïdes, il faudrait les précipiter par un mélange d'alcool, d'éther et d'eau; on évaporerait ensuite au bain-marie jusqu'à poids constant.

Il faudrait évaporer au bain-marie dans les mêmes conditions si la glycérine n'était pas de la glycérine concentrée, car la réaction se ferait mal.

Dans ces deux cas, soit a le poids de glycérine mis en œuvre, donne b après concentration, c'est 1,5 à 2 grammes de b que l'on prend. On passe de b à a par un simple calcul.

Procédé au bichromate de potasse. — Sept grammes de bichromate oxydent 1 gramme de glycérine environ.

Les liqueurs dont on se sert sont les suivantes.

> Bichromate de potasse pur   74,86 par litre.
> Sulfate ferreux ammoniacal   240 grammes par litre.

On précipite les chlorures s'il y en a par un peu d'oxyde d'argent, et les matières organiques par un peu d'acétate basique de Pb.

> ⎰ 1ᵍʳ5 de glycérine ⎰ on complète à 100ᶜᶜ.
> ⎱ oxyde d'argent, acétate Pb ⎱

On filtre 25ᶜᶜ, on met 50ᶜᶜ de solution bichromate et 15 grammes de SO^4H^2.

On chauffe deux heures au bain-marie en couvrant. On titre le bichromate de KOH non absorbé par la liqueur de sulfate ferreux en se servant du ferricyanure comme indicateur (cyanure jaune). Un papier imprégné de ce corps devient bleu lorsque le titrage est fini.

x centimètres cubes sulfate ferreux.

$$50 \times 0{,}07486 - x \times 0{,}07486 = \text{bichromate} = a.$$

$$\frac{a}{7{,}00} = \text{quantité de glycérine dans les } 25^{cc}$$

$$\frac{a}{7{,}00} \times 4 \text{ dans } 1^{g}5 \text{ de glycérine.}$$

Il est bon de vérifier par une expérience si les deux liqueurs titrées se neutralisent bien volume à volume, sinon faire la correction.

La liqueur de sulfate ferreux s'altère très rapidement.

Dosage sulfites et hyposulfites. — Les glycérines de lessives ne doivent en contenir au plus que des traces, si elles ne proviennent pas de soude brute.

10 grammes glycérine et 40 grammes d'eau.
On titre avec une liqueur d'iode $1^{gr}27$ litre.
1^{cc} correspond $0{,}0158\ S^2O^3Na^2$ anhydre.

Recherches diverses. — Le sucre se décèle en chauffant de la glycérine avec du bichromate de soude; on a une coloration.

Pour voir s'il y a du glucose ou de la mélasse, on traite par du chloroforme qui dissout ces corps sans dissoudre la glycérine.

Le sirop de fécule se reconnaît avec l'iode.

Quantité moyenne de glycérine à 28° Baumé que l'on peut obtenir pratiquement

(1,240, densité à 15° centigrades.)

Suif	8 à 9		Lin	7 à 8
Saindoux	6 à 9		Palme	8 à 10
Olive	8		Palmiste	9
Sésame	6 à 7		Coprah	11 à 12
Arachide	6 à 7		Coton	8 à 9

CHAPITRE IV

FABRICATION DES SAVONS DURS

I. — Quantité de soude caustique.

Avant de commencer l'étude de la fabrication des savons, il est nécessaire de donner quelles sont les quantités d'alcali (soude et potasse) nécessaires pour saponifier 100 kilogrammes de corps gras à l'état de matière grasse neutre ou d'acides gras, si on emploie en savonnerie les acides gras obtenus à l'autoclave. Les quantités données correspondent à des alcalis ou lessives alcalines chimiquement pures; les chiffres en pratique doivent être majorés de 10 $^o/_o$ environ, si on se base sur la soude caustique commerciale, qui ne contient environ que 90 $^o/_o$ 91 d'alcali en NaOH.

Nous allons montrer pour une huile (*v. g.* l'huile de coprah).

1° Huile de coprah.

5 grammes d'acides gras demandent $24^{cc}1$ de NaOH normale (40 grammes par litre) ou KOH (56 grammes par litre).
100 grammes d'acides gras demandent $24{,}1 \times 0{,}04 \times 20 = 19^g280$ de NaOH.
$24{,}1 \times 0{,}056 \times 20 = 26{,}99$ de KOH.
Les quantités correspondantes de CO^3Na^2 sont $25{,}450$, et de CO^3K^2 $33{,}19$.

D'une façon générale, 100 kilogrammes de matière grasse neutre correspondent à 95-96 kilogrammes d'acides gras, comme moyenne 95,5 (chiffre de Kehner).

Donc pour avoir les quantités d'alcali correspondant à 100 de matière neutre, on multiplie les chiffres précédents par 95,5.

$$\text{NaOH} = 18{,}41 \qquad \text{KOH} = 25{,}77$$
$$CO^3Na2 = 24{,}30 \qquad CO^3K^2 = 31{,}69$$

En se servant des tableaux indiqués à l'article *Soude caustique,* on a facilement les quantités de lessive nécessaires.

	Tableau NaOH.	Lessive 10.	Lessive 20.	Lessive 25.	Lessive 30.	Lessive 35.
Coprah { huile	18,41	281	128	99	77	64
{ acides gras	19,28	294	133	103	81	67

Les chiffres précédents peuvent aussi se déduire du chiffre de Kœtotorfer (milligrammes de KOH par gramme de matière neutre).

2º Arachide. — Sésame. — Coton. — Olive. — Oléique. — Le chiffre de saturation est à peu près le même, 17,7-17,8, soit 17,8.

	NaOH.	10º Baumé.	20.	25.	30.	35.	36.
Huile	⟨ 13,60	210ᵏ	94	73	57	47	45
Acides gras	⟩ 14,24	216ᵏ	109	76	60	40	

3º Saindoux, suif, 18^{cc},2 (calcul à 95 °/₀ d'acides gras).

	NaOH.	10 B.	20 B.	25 B.	30 B.	35 B.
Huile	⟨ 13,88	210	96	74	57	48
Acides gras	⟩ 14,56	222	100	78	60	50

4º Palme, 18,5.

	NaOH.	10 B.	20 B.	25 B.	30 B.	35 B.
Acides gras	⟨ 14,13	215	98	76	59	49
Huile	⟩ 14,8	225	102	80	62	51

5º Palmiste, 22^{cc},5.

	NaOH	10.	20.	25.	30.	35.
Huile	⟨ 17,2	262	120	92	72	60
Acides gras	⟩ 18	274	125	96	76	62

Comme nous l'avons déjà dit, les chiffres de

ces tableaux correspondent approximativement à des matières pures.

Nous donnerons les tableaux pour la potasse caustique lorsque nous parlerons des savons mous.

Voici, à titre d'exemple, quelques quantités de lessive avec une soude à 90 % de NaOH, le reste en sels neutres.

$^1/_{10}$ en plus.

			10 Baumé.	20.	25.
Coprah	huile	20,25	309	140	108,9
	acides gras	21,20	323	146	113, etc.

Calcul de la quantité de soude quand on connaît l'indice de Kœttstorfer.

Par exemple pour le suif on a 194 environ (milligrammes KOH, 1 gramme graisse).

$$194 \text{ KOH correspondent } x \text{ NaOH}$$
$$56 \quad - \quad - \quad 40$$
$$x = 13{,}8 \text{ de NaOH } \% \text{ suif.}$$

Nous avons vu quelles sont les différentes matières employées dans la fabrication des savons, nous allons voir maintenant quels sont le matériel, les matières spéciales et la manière d'opérer pour chaque espèce de savon.

II. — Savon de Marseille (bleu pâle et bleu vif)

Les principaux appareils nécessaires pour la fabrication de ces savons sont les suivants :

Générateur de vapeur. — Les générateurs de vapeur peuvent être d'un type quelconque, pourvu qu'ils soient économiques. La savonnerie consommant de grandes quantités de vapeur, il faut des générateurs très puissants, de façon à pouvoir fonctionner toujours en régime normal, même au moment où il y a le plus d'aspiration (chauffage des huiles en hiver, etc.).

Moteur à vapeur. — Les savonneries demandent en général peu de force. On n'a guère à faire fonctionner que des monte-charges, des coupeuses et frappeuses à savon, des évaporateurs rotatifs, des agitateurs mécaniques, etc. Des moteurs de 8 à 10 chevaux sont bien suffisants dans la plupart des cas.

Pompes. — Dans une savonnerie on a besoin de beaucoup de pompes pour élever les huiles,

les lessives, couler les savons, etc. Les pompes rotatives sont très employées (fig. 15).

Cette pompe porte une ouverture que l'on peut

Fig. 15. — Pompe rotative avec porte d'ouverture.
(Wauquier et Cⁱᵉ, Lille.)

ouvrir facilement, ce qui permet un nettoyage facile, après le coulage d'une cuite de savon par exemple.

Les pompes destinées aux lessives doivent aussi avoir des clapets en fonte ou en acier et

non en bronze, car ce dernier métal est attaqué
beaucoup plus facilement.

Réservoirs à lessives. — On a besoin de
toutes les dimensions, de fixes et de transpor-

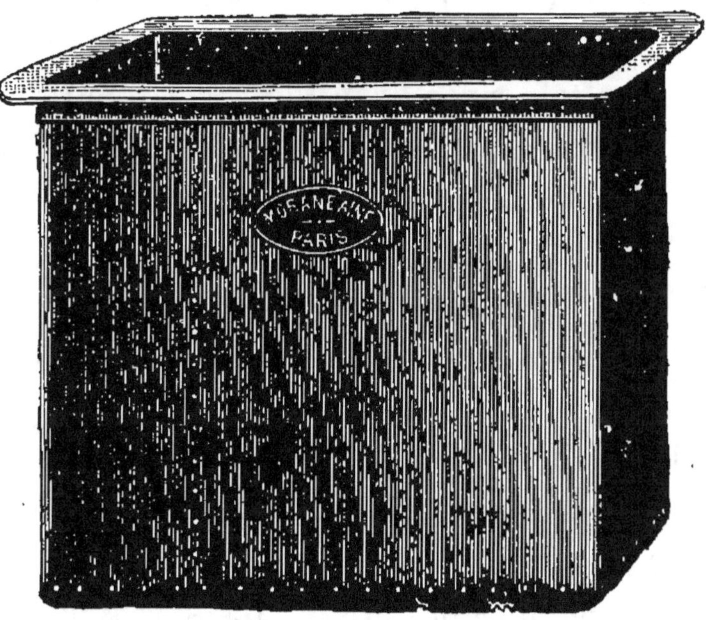

Fig. 16. — Bac à lessives. (Morane aîné.)

tables. Les réservoirs à lessive sont généralement situés au-dessus des chaudières, de façon
à pouvoir faire couler directement les lessives
dans celles-ci en ouvrant un robinet.

Ils sont jaugés de façon à pouvoir envoyer
exactement la quantité que l'on veut. Nous don-

nons ici le dessin d'un petit bac à lessive transportable (fig. 16).

Réservoirs à huile ou piles. — A Marseille, les réservoirs à huile sont généralement en maçonnerie, construits avec soin. Ailleurs on se sert presque toujours de récipients cylindriques en tôle rivée ayant de 2 à 4 mètres de diamètre et pouvant contenir jusqu'à 40 000 kilogrammes d'huile. Des pompes prennent les huiles, les montent en chaudières ou dans des réservoirs plus petits, jaugés, situés au-dessus des chaudières d'où on les fait écouler dans celles-ci.

Si les huiles doivent être déglycérinées, le transport se fait aussi par des pompes. Dans tous les réservoirs à huile il doit y avoir un serpentin en fer où l'on puisse faire circuler de la vapeur pour éviter que les huiles ne figent en hiver.

Chaudières à savon. — Les chaudières à savon destinées à la fabrication des savons de Marseille, bleu pâle et bleu vif, sont toujours actuellement chauffées à la vapeur. La capacité de ces chaudières varie de 15 à 25^{mc}; on compte

en général qu'il faut 2^{mc},700 pour 1000 kilogrammes d'huile à saponifier.

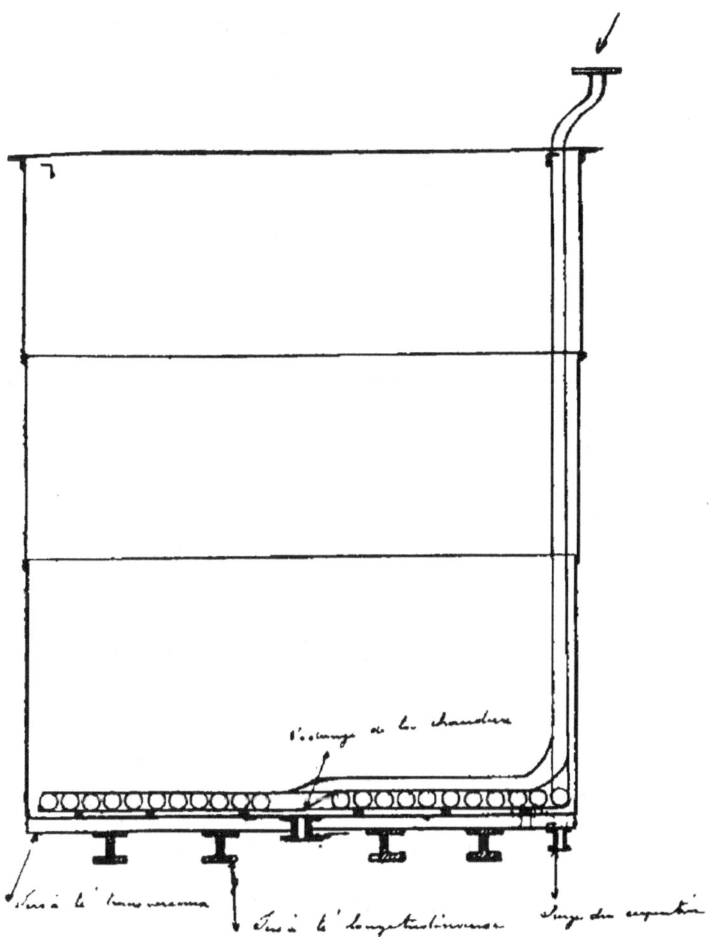

Fig. 17. — Chaudière à savon.

A Marseille, les chaudières sont quelquefois
en maçonnerie et alors enterrées dans le sol;
mais actuellement elles sont généralement en

tôle de fer rivée de 1 centimètre à 1^{cm},5 d'épaisseur (fig. 16). Ces chaudières doivent être enveloppées de maçonnerie si elles sont dans le sol,
ou d'épaisses enveloppes isolantes si elles sont
élevées en l'air. On évite ainsi une trop forte
déperdition de chaleur, et on empêche le savon
de prendre en masse au pourtour de la chaudière, lorsqu'il reste un certain temps dans
celle-ci.

Ces chaudières sont chauffées par un serpentin en fer forgé (fig. 18) où circule de la vapeur.
Ce serpentin est muni à la sortie d'un purgeur
automatique qui élimine l'eau à mesure qu'elle
se condense.

Les joints de ces serpentins (généralement à
emboîtement) doivent être faits avec le plus
grand soin, pour éviter tout passage dans l'eau
de condensation de savon ou de lessive. On se
sert en effet de cette eau chaude de condensation pour alimenter les générateurs de
vapeur.

En plus du serpentin, et commandé par une
vanne différente, il y a toujours un tuyau faisant une ou deux révolutions seulement. Ce
tuyau est percé de trous et porte le nom de

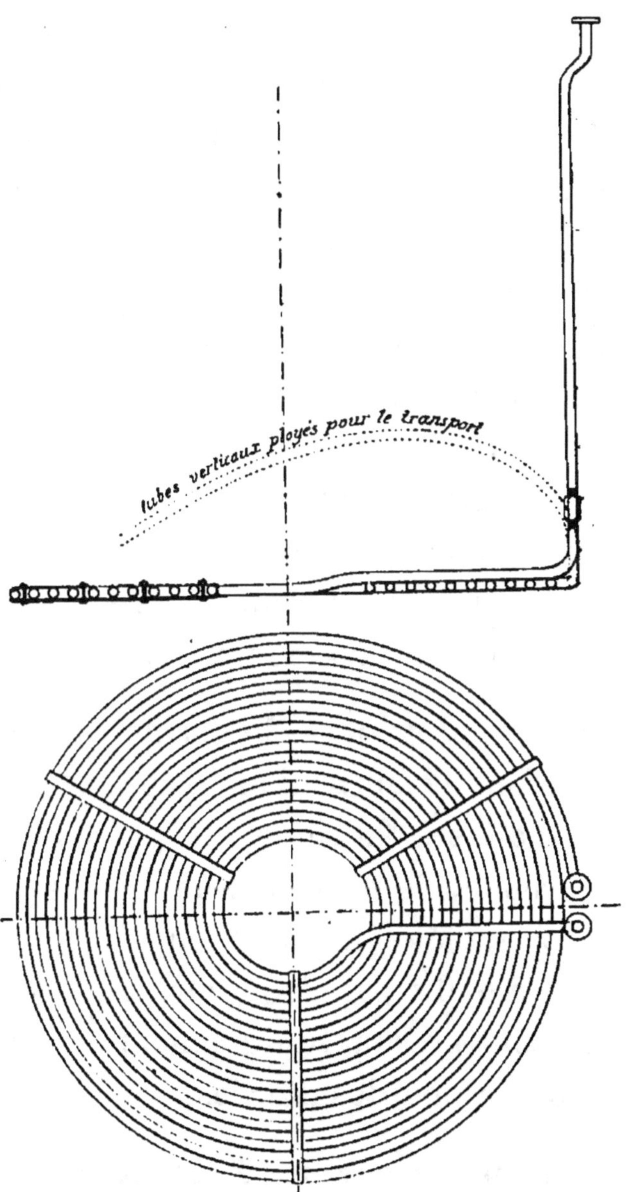

Fig. 18. — Détail du serpentin.

barboteur. Il sert à envoyer directement de la vapeur dans le savon lorsqu'on en a besoin.

Ces chaudières sont munies à la partie inférieure d'un robinet de vidange appelé espine, par où on évacue toutes les lessives usées. Ces lessives se rendent dans des bacs, où on les reprend pour les envoyer, suivant leur nature, soit à l'extraction de la glycérine des lessives, soit à la recaustification.

On munit généralement les chaudières de rehausses mobiles qui se boulonnent sur la cornière formant la partie supérieure de la chaudière. On peut ainsi augmenter leur capacité.

Matières employées. — Les principales huiles employées dans la fabrication de ces savons sont les huiles d'olive à fabrique, de pulpes au sulfure de carbone, de ressence, de sésame, d'arachide avec quelquefois un peu de suif, de graisses, huile de palmiste, etc. Les lessives employées sont presque uniquement les lessives de soude brute non désulfurées.

Fabrication du savon (Empâtage). — On commence par envoyer en chaudière toute l'huile que l'on veut transformer en savon, puis on y fait couler un poids de lessive à 10-12° Baumé, égal au poids des corps gras; il faut que cette lessive soit bien caustique.

On commence à chauffer la masse, qui commence d'abord par prendre l'aspect d'une émulsion, surtout si l'on brasse un peu à ce moment. L'huile en fines gouttelettes est dans un état très favorable à sa transformation en savon.

On chauffe alors plus fortement, sous l'action d'une ébullition prolongée, la pâte s'épaissit en se liant.

On ajoute alors en chaudière, pour 1000 kilogrammes d'huile environ, 0^{kgr},500 à 1 kilogramme de sulfate de fer dissous dans l'eau, ceci pour donner à la pâte la coloration qui devra se retrouver dans la marbrure lorsque le savon sera fini.

Quelquefois on rajoute un peu de lessive un peu plus forte à 18-20° Baumé, si la pâte le demande.

La masse savonneuse n'est pas claire, car la proportion de lessive employée jusqu'ici n'est pas suffisante pour saponifier complètement les corps gras.

Lorsque la pâte paraît à point, on arrête la

vapeur et on laisse la pâte reposer un peu en chaudière.

Salage ou relargage. — Le savon est insoluble dans les lessives chargées de sel marin ou dans l'eau salée. On se base là-dessus pour purger la pâte des différentes impuretés qu'elle contient et pour éliminer la glycérine que l'on a grand intérêt à recueillir, comme nous l'avons déjà indiqué.

On place au-dessus de la chaudière une estrade mobile sur laquelle montent un ou plusieurs ouvriers munis de rables (fig. 19).

Ceux-ci les enfoncent dans la pâte et les soulèvent vigoureusement pendant que l'on verse en chaudière de l'eau salée ou des lessives épuisées bien claires, dans lesquelles on a fait fondre du sel marin. Le savon se sépare alors en gros grumeaux

Fig. 19. — Râble.

visqueux qui viennent se réunir à la surface du liquide. Ce dernier liquide doit marquer environ 15-17° Baumé à chaud. C'est ce liquide dont on extraira la glycérine de lessives sulfureuse dont nous avons déjà parlé, après l'avoir évacué par l'espine.

Dans certaines usines, on emploie des agita-tateurs mécaniques qui remplacent les ouvriers.

Le travail précédent étant dangereux pour ceux-ci, car ils peuvent tomber dans la chau-dière, on les attache au moyen de ceintures de sauvetage à des cordes fixées au plafond de l'usine. Cette mesure de prudence doit être obli-gatoire pour les ouvriers sous peine de renvoi.

L'opération terminée, on laisse reposer plu-sieurs heures pour que la lessive salée se sépare bien du savon et on espine.

Coction ou cuisson. — Les lessives de relar-gage étant enlevées, le savon qui reste en chau-dière est à l'état imparfait. Les grains mous et flasques ont encore besoin d'une grande quan-tité d'alcali pour être amenés à l'état parfait.

Le savon est, comme nous l'avons vu, inso-luble dans les lessives salées; il est aussi insoluble dans les lessives caustiques, pourvu qu'elles aient un degré suffisant. On met alors en chaudière les lessives obtenues dans les barquieux et on fait bouillir.

On commence par mettre celles à 24-25º Baumé recuits passés (c'est le premier service) en quantité égale à 40 %, 50 % du chargement en huile de la chaudière. Au bout de quelques heures on espine la lessive usée et on fait ensuite deux ou trois services avec les bonnes lessives 26-29º Baumé en opérant de la même façon.

Pendant tous ces services, le grain qui était mou absorbe de l'alcali, se durcit; l'écume qui se trouvait sur la chaudière disparaît, et finalement on obtient des petits grains gris bleuâtre qui, pressés à chaud entre les doigts, donnent de petites écailles dures et sèches. La lessive sous-jacente doit être encore fortement caustique.

La durée d'ébullition de ces différents services varie de deux à trois heures dans les premiers services; jusqu'à dix, douze, etc., dans les derniers.

Les lessives usées de tous ces services repassent sur les barquieux pour donner les recuits passés.

Dans les derniers services, on ajoute généralement un peu de NaCl, ce qui a l'avantage d'accélérer la cuisson et de durcir le savon.

Levage de la cuite ou madrage. — Le savon qui se trouve en ce moment en chaudière est parfaitement formé, mais l'aspect sous lequel il se présente est peu agréable. Les grains détachés les uns des autres forment une masse friable que l'on ne pourrait mettre ni en barres ni en morceaux.

Il faut faire gonfler tous ces grains, de façon à ce qu'ils puissent se coller ensemble en donnant une masse homogène. Des ouvriers munis de rables sont montés sur la chaudière, comme il a été dit à l'article *Relargage,* et pendant qu'ils font manœuvrer leurs rables de bas en haut, d'autres ajoutent petit à petit des lessives aussi peu caustiques que possible, de 7º à 8º Baumé.

La pâte se gonfle, et les lessives sous-jacentes, qui marquaient 22-23º Baumé chaudes à la fin du dernier service, marquent 16º à 18º Baumé lorsque l'opération est terminée.

Coulage. — Le coulage en mise se fait au moyen de « pouadoux » (fig. 20).

Ce sont des récipients en tôle munis d'un long manche que l'ouvrier plonge dans la chaudière, retire et vide en les renversant. Le coulage de ce genre de savon se fait rarement au moyen de pompes, car les grains, étant triturés par les palettes des pompes, ne sont plus en état aussi favorable pour former la marbrure, comme nous l'indiquerons tout à l'heure.

Le savon est conduit par des dalles en bois ou fer dans *les mises.*

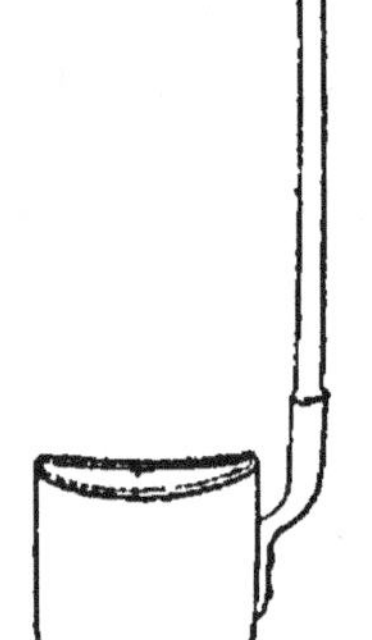

Fig. 20. — Pouadou.

Ce sont de grands récipients en maçonnerie, dont les murs faits avec grand soin ont une hauteur de 80 à 85 centimètres. Pour éviter tout tassement, le tout doit reposer sur une grande plateforme de béton; le fond et les murs sont garnis d'une bonne couche de ciment. Quelquefois le fond est formé de grandes dalles jointives en pierre dure. Une mise contient en général toute une cuite, c'est-à-dire 14 à 15000 kilos de savon.

La température favorable pour le savon est 74-75°.

Marbrure. — Pendant le refroidissement du savon, qui est assez long, quinze à seize jours environ, il se forme à l'intérieur de la masse une série de veines blanches et gris bleu, absolument analogues à celle du marbre, d'où le nom de marbrure. La question de la marbrure est une question très délicate ; si la pâte est coulée trop froide ou n'a pas assez absorbé d'eau, la masse tout entière a une couleur uniforme gris bleu. Si au contraire la température est trop élevée ou la quantité d'eau absorbée trop forte, la matière colorante tombe au fond de la mise : dans les deux cas le savon est invendable et à refondre, d'où perte sèche.

Les lessives qui ont été coulées avec le savon se réunissent au fond de la mise ; elles retournent ensuite au travail des barquieux.

Découpage en blocs. — Cette opération se fait de la façon suivante. Avant le coulage de la cuite on a formé sur le fond de la mise, avec des fils d'acier longitudinaux et transversaux, un quadrillage régulier. Ces fils ne sont pas enchevêtrés, mais par exemple tous les longitudinaux sont par-dessus et tous les transversaux par-dessous. Les carrés ou rectangles ainsi dessinés ont la grandeur que l'on veut donner aux blocs de savon.

Les bouts de ces fils sont attachés à de petites tringles glissant dans des rainures sur les côtés de la mise.

Le savon une fois froid, on soulève les tiges, par là même le fil, on le fixe à une poignée, et en le tirant en ligne droite le long d'une réglette, on découpe la mise en bandes (longitudinaux), puis en carrés par les transversaux.

Les dimensions du bloc sont généralement $0,50 \times 0,32$.

On peut découper les blocs en se servant d'un couteau analogue à celui décrit plus loin pour le savon blanc; mais, vu la hauteur des pains, ce travail est extrêmement dur.

Découpage des blocs en table. — Ces blocs
sont découpés en tables, puis ensuite en barres.
On se sert ordinairement pour cela de cadres en
bois et d'une tirette en fil de laiton (fig. 21).

On se sert aussi de coupeuses mécaniques,

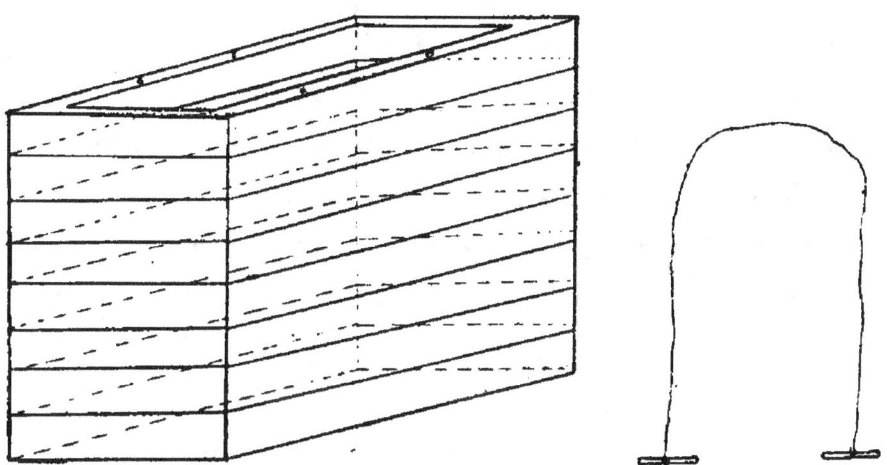

Fig. 21. — Cadres en bois et tirette en fil de laiton.

comme nous le décrirons plus loin à l'article
Savon blanc.

Le savon bleu pâle est toujours vendu en
barres estampillées à la marque du fabricant,
quelquefois en morceaux estampillés, mais jamais en morceaux moulés.

Trempage. — Les barres de savon qui ont

un aspect jaunâtre et sont quelquefois un peu molles sont mises à tremper dans des lessives de recuit bien claires et non caustiques, que l'on a amené à 20° Baumé avec du sel.

Le savon durcit, blanchit, et le manteau commence à se prendre. On appelle manteau la couche blanche plus ou moins épaisse qui apparaît lorsqu'on coupe une barre un peu vieille de savon bleu pâle. Cette couche blanche gagne toujours vers le centre, et dans les très vieilles barres le manteau peut atteindre presque le centre. Ce phénomène est dû à la décomposition du sulfure de fer, qui donne de l'oxyde de fer moins colorant.

Les veines, qui étaient d'un gris bleuâtre, sont devenues à peine visibles et un peu rougeâtres (oxyde de fer).

Ce phénomène ne fait d'ailleurs que commencer en mises de trempage et se produit surtout lorsque le savon est en caisse.

Caisses. — Les caisses en général contiennent 36 barres et pèsent 152-154 kilogrammes.

Les demi-caisses, 18 barres.

Le savon est plus apprécié des consommateurs lorsqu'il a environ un centimètre de manteau sur tout son pourtour.

Savon bleu vif. — Se fait absolument comme le savon bleu pâle, sauf que l'on ajoute en plus à l'empâtage environ 1 kilogramme par 1000 kilogrammes d'huile d'ocre rouge.

Le savon fini a une marbrure bleu violet. Le manteau ne se prend pas pareil : les veines ressortent en rouge dans le manteau, tandis qu'elles sont violettes dans l'intérieur du savon.

Composition moyenne de ces savons.

	(1)	(2)
Eau	35 %	34,00
Acides gras	54,50	55,00
Soude	6,30	6,35
Insoluble	0,25	0,50
Sels	1,90	1,20
Divers : glycérine, etc.	2,05	1,95
	100,00	100,00

Il y a d'autres savons fabriqués à peu près par la même façon : ce sont les savons espagnols, dits de Castille, fabriqués avec des lessives non sulfureuses et auxquels on a ajouté à l'empâtage une forte proportion de sulfate de fer.

La couleur du marbrage est différente, elle

est d'un gris vert foncé et devient rapidement couleur de rouille à l'air.

Dans les autres régions de l'Europe où les prix des huiles d'olive et de pulpes sont plus rares, on remplace pour fabriquer ces savons les huiles d'olive par l'huile de noix, saindoux, etc.

Ainsi en Hongrie, on fabrique à Debreczin des savons analogues.

Au point de vue du lavage, les savons fabriqués par le procédé marseillais sont très bons, quoique peu mousseux.

On veut aussi principalement pour les colonies des savons du même genre, contenant une assez forte proportion de talc. Ce corps inerte est introduit dans le savon au moment du coulage de la cuite. Ce savon inférieur a l'avantage de peu se déformer dans les pays chauds.

III. — Savon blanc 72 et 60 % d'huile.

Chaudières à vapeur. — Comme précédemment on emploie des types quelconques, mais il y a intérêt souvent à ajouter des surchauffeurs de vapeur (fig. 22), qui donnent une économie de vapeur comme force motrice et permettent

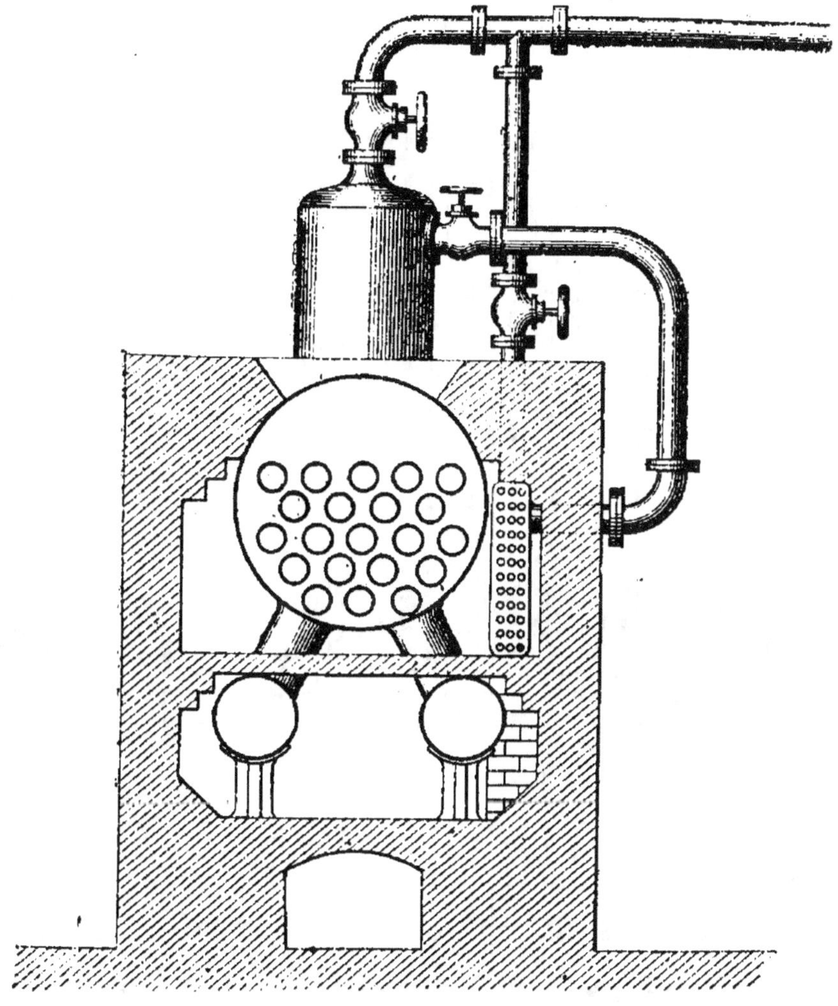

Fig. 22. — Surchauffeur (Uhler et Miet).

de chauffer le savon plus avantageusement,
principalement si on fait barboter la vapeur

dans le savon. On évite d'introduire trop d'eau dans les cuites.

Le surchauffeur est constitué par des tubes

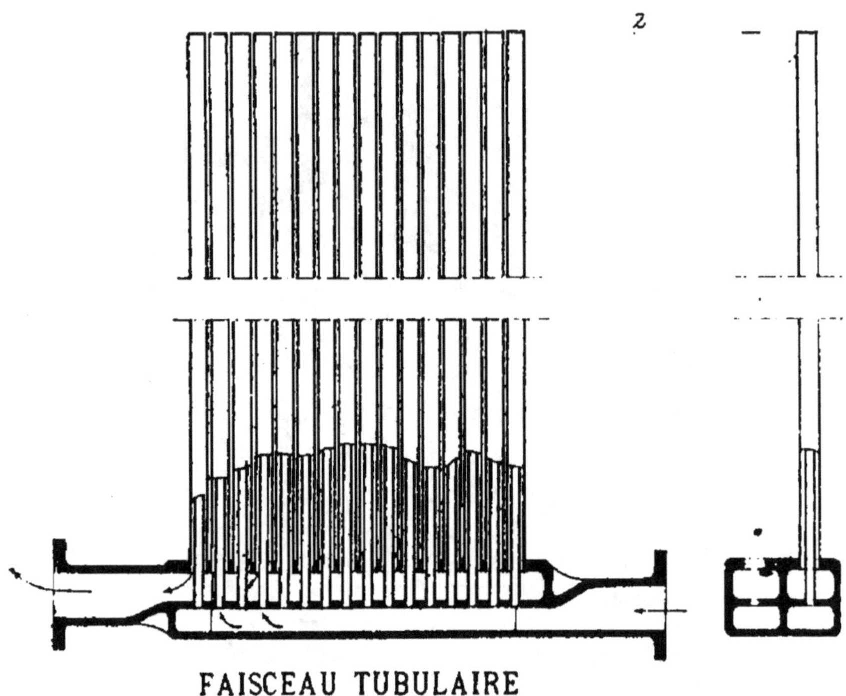

Fig. 23. — Détail du caisson.

en nombre suffisant pour donner à la vapeur une section de passage proportionnelle à son débit.

Il faut une surface de chauffe suffisamment développée pour que les tubes ne soient pas portés à une température trop élevée qui les détruirait rapidement.

Il y a ici deux tubes concentriques aboutissant chacun à un caisson différent (fig. 23).

Les chaudières employées pour la fabrication du savon blanc sont identiques à celles employées pour le bleu pâle; mais on en emploie souvent de beaucoup plus grandes, permettant de fabriquer 20 à 30000 kilogrammes de savon.

Matières. — On distingue deux espèces de savon, suivant qu'il est fabriqué avec de l'huile d'olive mélangée ou non d'huile d'arachide, ou qu'il est fabriqué avec un mélange d'huiles d'arachide, de coton, de coprah, de palmiste, de palme, décolorées, avec quelquefois un peu de graisse ou de suif.

C'est surtout la deuxième espèce qui est fabriquée, à cause du haut prix de l'huile d'olive et ensuite parce qu'il est plus mousseux.

Les acides gras obtenus à l'autoclave sont aussi souvent employés pour fabriquer ce savon.

Les lessives employées à l'heure actuelle sont presque uniquement les lessives de carbonate de soude Solvay caustifiées, sauf à Marseille, où l'on emploie encore beaucoup les lessives de soude brute désulfurées.

Fabrication. — Empâtage. — Se fait de même façon si on a affaire à des huiles; si on a affaire à des acides gras, on emploie des lessives un peu plus fortes 16-17° Baumé, et on fait couler les acides gras dans la lessive bouillante (une légère addition de sel marin empêche les acides gras de former des grumeaux mal empâtés).

Relargage. — Se fait de la même façon que pour le savon bleu pâle de Marseille, ou bien encore en ajoutant un excès de sel à la fin de l'empâtage pendant que la pâte est en ébullition; dans ce cas, on force un peu aussi la proportion de lessive à l'empâtage.

Dans tous les cas, le savon vient flotter à la surface de la lessive.

Si on a opéré avec des huiles, les lessives de relargage sont envoyées à l'extraction de glycérine.

Cuisson. — Se fait d'après les mêmes principes que celle du savon de Marseille. On emploie soit des lessives neuves de soude caustique auxquelles on ajoute un peu de sel marin, soit des lessives provenant de la recaustification des lessives usées des cuites précédentes, soit un mélange des deux.

Ces lessives contenant proportionnellement pour un même degré Baumé plus de caustique que celles de soude brute, deux services sont en général suffisants.

Liquidation. — C'est l'opération qui remplace le madrage de la cuite du savon bleu pâle. Elle est basée sur le même principe: au début il faut amener par une addition de lessive faible et peu caustique les grains de savon à se gonfler. On opère à l'ébullition, en ajoutant la lessive faible très lentement, de façon à ne pas l'interrompre.

Pendant tout ce temps on brasse, soit à la main, soit mécaniquement.

Lorsque les grains de savon se sont gonflés et sont devenus bien homogènes, on espine une partie des lessives sous-jacentes, et on continue à ajouter en chaudière de l'eau pure, toujours sans interrompre l'ébullition, et l'on continue ainsi jusqu'à ce que la lessive marque environ 8º Baumé.

Cette lessive est alors dans un état particulier; elle est devenue visqueuse par dissolution des parties impures du savon (gras), elle a une couleur foncée. Si on fait refroidir une petite partie de lessive, elle prend en masse gélatineuse.

La pâte du savon doit néanmoins être nettement séparée de ces lessives.

C'est là le point délicat de l'opération, car si on ajoute trop d'eau, le savon ne séparera plus de lessive, et si on n'en met pas assez, celle-ci ne dissoudra pas les gras.

Lorsque la pâte paraît à point, on arrête la vapeur, on couvre la chaudière et on laisse la masse reposer pendant 25 à 30 heures.

La lessive tombe alors au fond en entraînant toutes les impuretés.

Coulage. — On enlève d'abord l'écume qui est à la surface, puis le savon est coulé, soit au moyen de pouadoux, soit dans toutes les usines bien installées au moyen de pompes rotatives.

Le savon étant sur lessive, la pompe communique avec un tuyau avec joint à rotule (fig. 24) fixé sur le bord de la chaudière, vers le haut de celle-ci. La pompe étant mise en marche, on commence à puiser le savon au haut de la chaudière ; à mesure que celui-ci descend, on

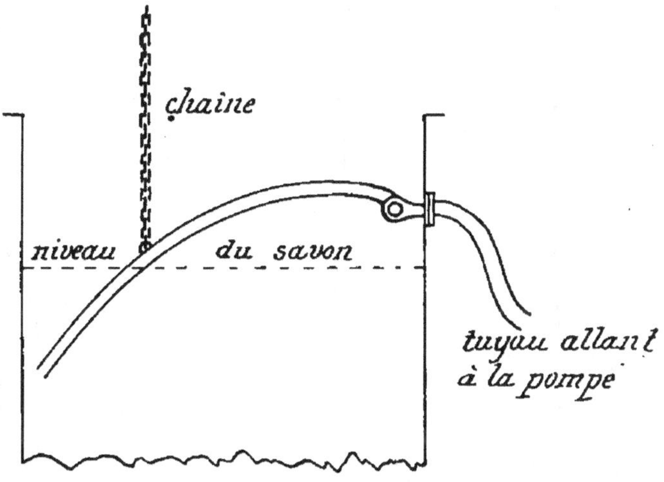

Fig. 24. — Dispositif de tuyau avec joint à rotule pour puiser le savon.

abaisse l'extrémité du tuyau dans la chaudière et on continue ainsi à puiser le savon jusqu'à ce qu'on arrive au gras.

Mises. — Les mises à savon blanc sont constituées par de simples cadres en bois de 10 à 30 centimètres de haut. Ces cadres ont une surface de 4, 5, 6 mètres carrés, etc. Le fond en est recouvert d'une couche de sable fin sec ou de chaux pulvérisée sur laquelle on étend des feuilles de papier.

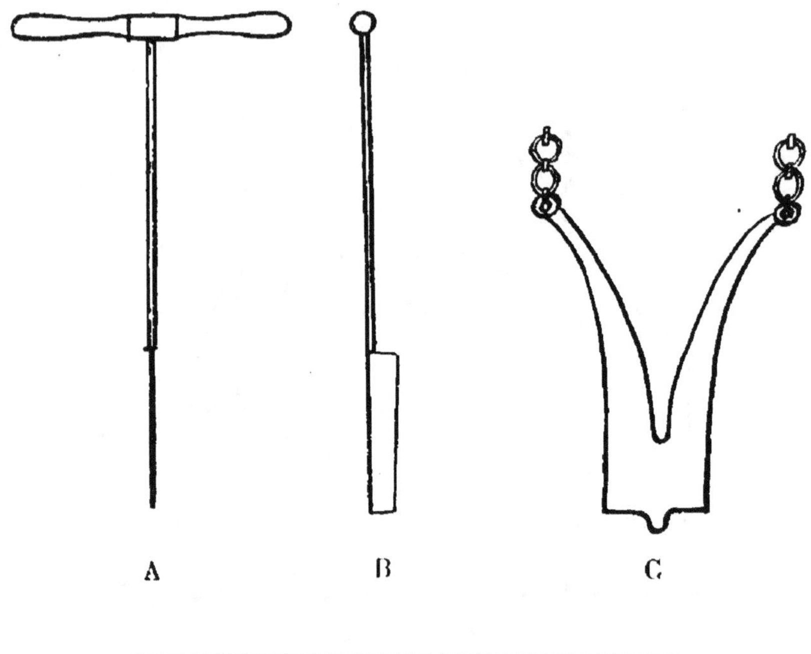

Fig. 25.— **AB**, couteau à découper le savon ; **C**, tirant où se fixe la chaîne.

Le savon est coulé directement sur le papier à l'épaisseur que doivent avoir les barres, en tenant compte du retrait au refroidissement.

On égalise le savon pour qu'il ait bien la même épaisseur dans toutes les parties du cadre. Le savon une fois refroidi est battu avec de gros pilons. Lorsque le savon est destiné à être mis en morceaux, on coule des pains plus épais qui donneront deux ou trois rangées de morceaux.

Découpage des pains. — On trace avec une règle, un compas, les dimensions des pains à découper. Pour le découpage on se sert d'un couteau (fig. 25 A) et d'un tirant (fig. 25 C). Un ouvrier tient le couteau verticalement après l'avoir passé dans le tirant. Un autre ouvrier tire sur une chaîne passée dans ce dernier. On découpe ainsi les pains par une espèce de labourage.

Les pains sont ensuite découpés en barres ou en morceaux.

Pour découper en barres, on peut se servir soit de cadres en bois et d'une tirette en laiton, soit de découpoirs mus à la main ou mécaniquement (fig. 26).

La table de savon est placée sur la plate-forme de la machine et reste en place, tandis que le cadre portant les fils est mis en marche à l'aide d'un levier; à la fin de la course il s'arrête automatiquement.

Pour la coupe en retour, on renverse le cadre

à l'aide du levier à contrepoids, et l'on fait agir de nouveau le levier d'embrayage. Lorsque l'on a à débiter le savon en morceaux, on se sert généralement de coupeuses à double effet qui

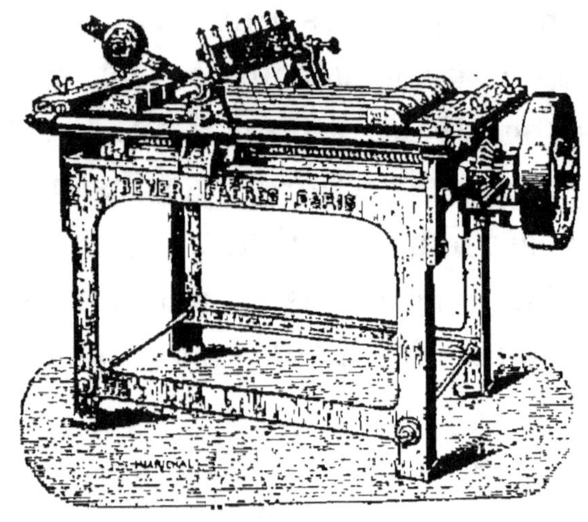

Fig. 26. — Découpoir à barres (Savy, Jeanjean).

débitent le pain en morceaux sans que l'on ait besoin d'y toucher.

L'un des cadres est muni d'un couteau mobile, qui dresse la face supérieure des tables de savon exactement à l'épaisseur voulue.

Chaque cadre de rechange permet de faire une coupe différente de morceaux. Si on a plusieurs calibres à fabriquer de suite, on passe donc très rapidement de l'un à l'autre.

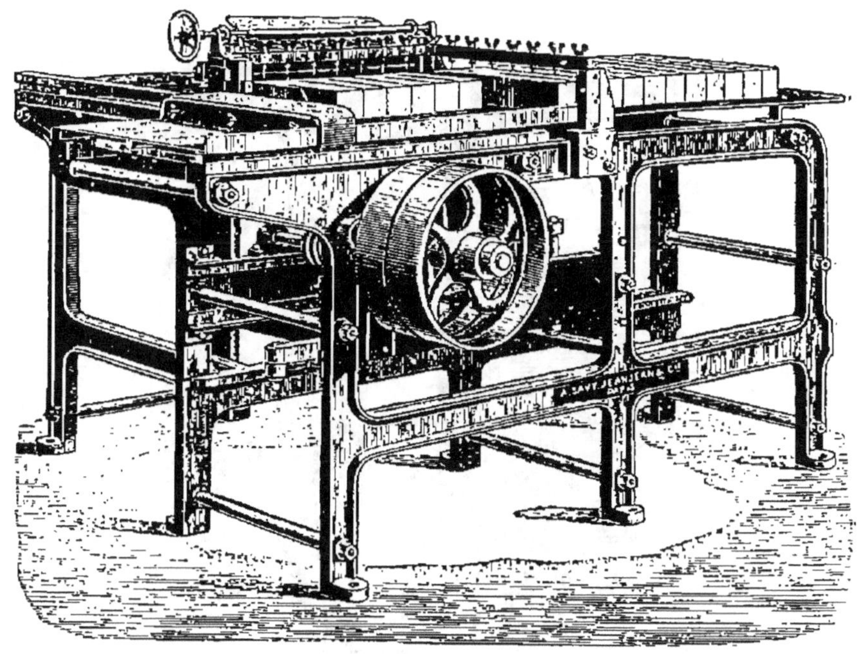

Fig. 27. — Coupeuse à retour d'équerre (Savy, Jeanjean).

Fig. 28. — Coupeuse à bras ou au moteur (Vve Lambert et fils).

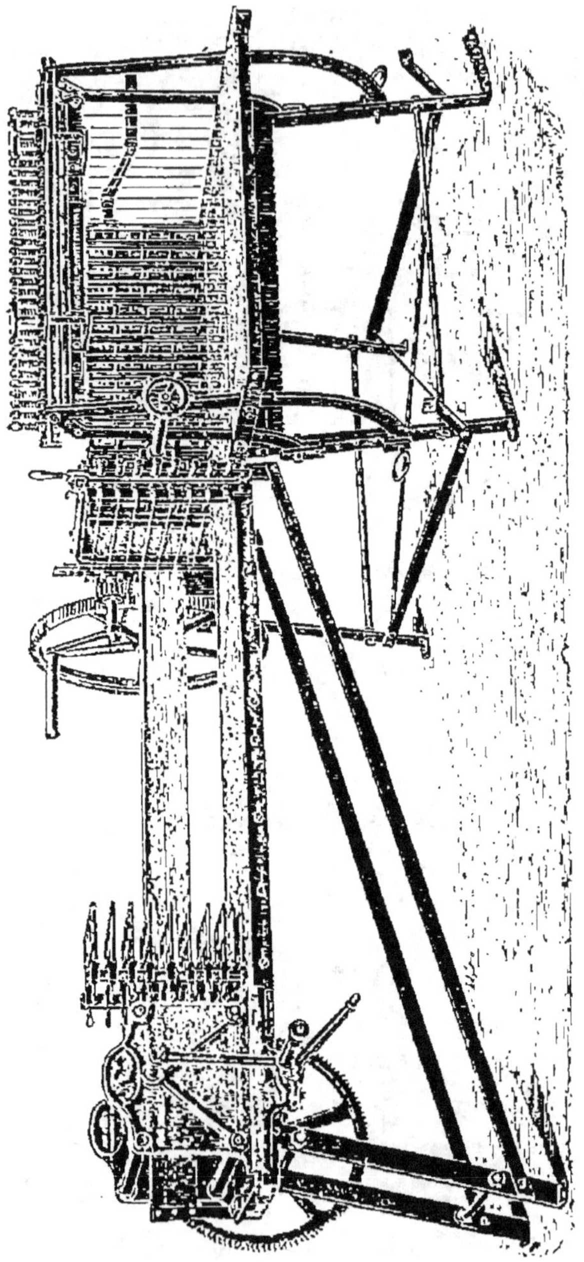

Fig. 29. — Coupeuse Aug. Krull.

La coupeuse (fig. 28) a une table plus large et permet de débiter de plus grandes plaques.

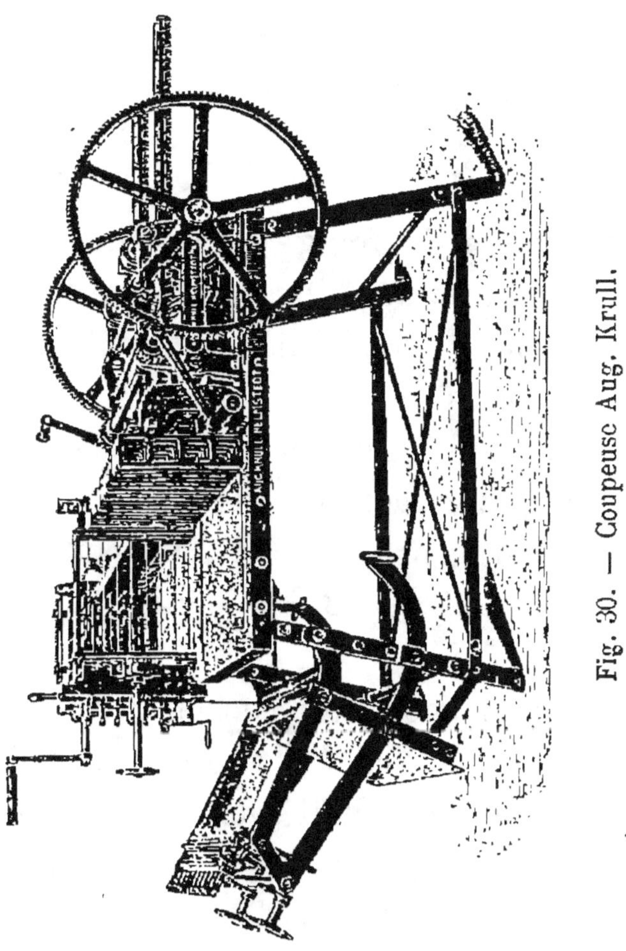

Fig. 30. — Coupeuse Aug. Krull.

Voici enfin le dessin d'une autre machine permettant de débiter des blocs beaucoup plus épais d'un seul coup (fig. 29).

Dans cette coupeuse un des cadres se rabat pour plus de commodité dans l'installation des fils (fig. 30).

On peut très bien se servir des coupeuses doubles à retour d'équerre pour couper seulement en barres.

Marquage et frappage du savon. — Lorsque le savon est destiné à être livré en barres, on estampille les barres généralement à la main à la marque de fabrique.

On met en plus une marque 72 % d'huile qui est la marque caractéristique des savons blancs fabriqués par le procédé cité plus haut; certains fabricants mettent 78 % d'huile et d'alcali combiné.

Le savon en morceaux sortant de la coupeuse à savon est porté dans des séchoirs, où il perd une partie de l'eau qu'il avait en trop et prend une consistance plus favorable au moulage. Ces séchoirs sont chauffés à 30-35°, soit au moyen de poêles, soit au moyen de tuyaux à ailettes dans lesquels on fait passer un courant de vapeur. La température ne doit pas dépasser 40°, autrement le savon se ramollirait trop.

Les morceaux sont placés sur des clayons placés les uns au-dessus des autres. Il faut que l'air des séchoirs, qui se sature rapidement d'humidité, puisse se renouveler avec la plus grande facilité ; aussi met-on en haut et en bas des étuves des ouvertures réglables à volonté. Il faut régler pour qu'il n'entre à la partie inférieure que juste ce qu'il faut d'air froid.

Ces étuves sont généralement construites en briques à simple ou mieux double paroi, pour éviter les déperditions de chaleur.

Dans les pays où il fait très chaud, par exemple le midi de la France, on peut se contenter de laisser les morceaux à l'air libre.

On fait souvent subir aux barres le même étuvage qu'aux morceaux, quoique cela ne soit pas nécessaire.

Le savon une fois étuvé à point, ce qui demande un temps plus ou moins long (8, 10, 12 heures), est retiré et porté encore légèrement tiède aux machines à estamper qui lui donneront la forme définitive et mettront dessus les marques voulues.

Les calibres de morceaux les plus employés

sont les morceaux de 1ᵏ,800, 750, 600, 500, 450, 400 grammes, etc.

Fig. 31. — Presse à verges (Morane aîné).

Le plus généralement les morceaux de savon blanc portent des inscriptions ou marques sur les six faces.

On se sert généralement des presses à savon avec moules à verges (fig. 31).

La vis de mouvement est une forte vis à filet
carré à pas assez grand pour que l'on n'ait pas

Fig. 32. — Moule à verges (Morane aîné).

trop de tours à faire pour ouvrir le moule et le
fermer. Lorsque la vis est en haut, le moule est
ouvert; l'ouvrière y met le morceau de savon à
frapper, la vis en redescendant sous l'impulsion
de l'ouvrière agit par l'intermédiaire de deux

tiges verticales et d'une pièce horizontale sur une autre tige où sont pratiquées des ouvertures pour les différentes verges (fig. 32).

Ces ouvertures sont taillées en biseau et, agis-

Fig. 33. — Presse à savon (Savy, Jeanjean).

sant sur les verges pendant la descente, font fermer le moule.

Le moule et toutes les pièces en contact avec le savon sont en bronze.

Lorsque la vis remonte, le moule s'ouvre; il n'y a plus qu'à retirer le morceau frappé et à le remplacer par un autre. Autre système de presse à main du même genre (fig. 33).

Les dessins de côté peuvent être faits interchangeables (fig. 34), en les adaptant au moyen d'écrous, ce qui permet avec un même moule d'avoir des moulages différents.

On fait aussi des presses du même genre à mouvement mécanique.

Fig. 34. — Plaquette mobile (Savy, Jeanjean).

On place une ouvrière de chacun des côtés de l'appareil pour recueillir les morceaux et en mettre d'autres. La boîte venant s'ouvrir en dehors de la presse, il n'y a aucun danger pour les ouvriers.

On fait même des machines à frapper continues, dans lesquelles les morceaux de savon, amenés sur une courroie, sont déversés dans la boîte, et après frappage sont repris par une autre courroie qui les emmène au dehors; on a ainsi une très grande économie de main-d'œuvre.

Lorsque le savon doit être seulement marqué sur la face supérieure et sur la face inférieure,

on emploie alors les presses avec moule à bloc
(fig. 35).

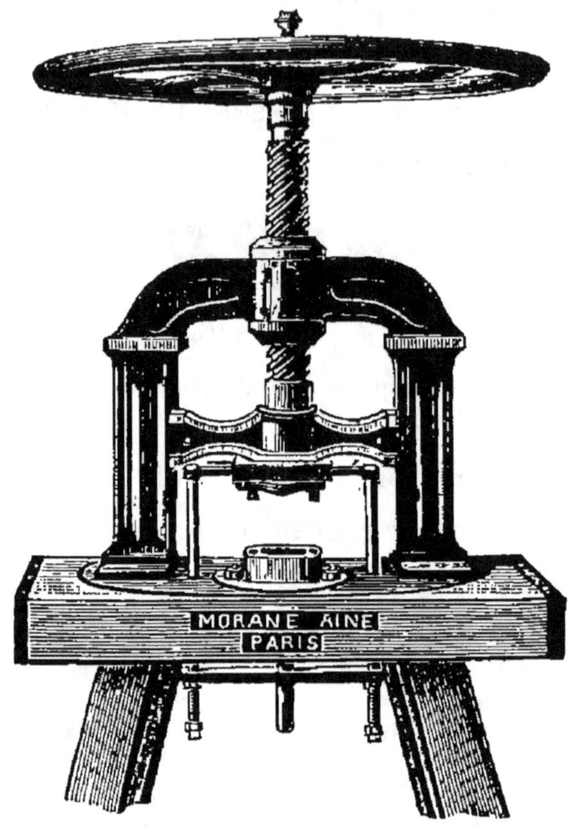

Fig. 35. — Presse à bloc (Morane aîné).

Ces presses ont l'avantage de se dérégler
beaucoup moins facilement, ce sont celles qui
sont le plus généralement employées pour les
savons de toilette.

Pendant le mouvement de remonter de la vis

après le frappage du savon, le fond du bloc se soulève et le morceau est amené au dehors; il est alors facile de l'enlever et de le remplacer par un autre.

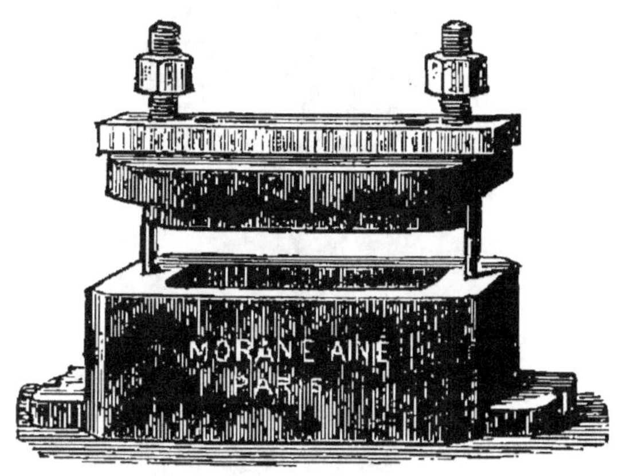

Fig. 36. — Détail du bloc (Morane aîné

On peut aussi employer pour les savons de ménage des presses à bloc mécaniques, comme pour le savon de toilette (fig. 37).

Ces presses peuvent aussi être disposées pour frapper le savon sur les six faces (savon de ménage).

L'organe principal est une forte vis à filets rapides évoluant dans un écrou en bronze à longue portée, et à l'extrémité de laquelle est fixé le piston qui reçoit la partie supérieure des moules.

Le bâti est en col de cygne, ce qui donne une grande facilité aux ouvriers pour la manutention des morceaux, qui peut se faire très

Fig. 37. — Presse mécanique.

rapidement, tout l'effort étant demandé au moteur.

La descente accélérée de la vis provoquée par l'action d'un coup de pédale détermine le coup de presse.

Dès que le pied quitte la pédale, un débrayage

automatique fait remonter la vis et chasse du moule le pain frappé.

Cette presse, outre la simplicité de ses organes et la rapidité de son fonctionnement, offre deux grands avantages :

1o Elle présente une sécurité absolue (se maintenant d'elle-même à l'état de repos);

2o Elle ne détériore pas les moules.

Composition moyenne du savon 72 %.

	Mousseux.	Huile olive.	
Eau	28,88	33,3	
Acides gras anhydres	62,20	59,5	
Alcali combiné	8,10	6,7	Tolérance

sels divers / alcali libre } 0,82   0,5

100,00   100,0

Tolérance :
- 1 % acides gras anhydres en moins.
- Eau 1 % en plus.
- Alcali combiné 0,4 —
- Sels 0,30 —

Ce savon 72 % étant assez cher, on fabrique une autre qualité qui se rapproche comme prix du savon bleu pâle de Marseille, c'est le savon 60 %. Pour cela, le savon étant fini, au lieu de le couler en mise on le transvase dans une autre chaudière contenant de l'eau chaude légèrement salée; on mélange par une agitation énergique.

La quantité d'eau est d'environ 20 kilogrammes par 100 kilogrammes de savon.

La quantité d'acides gras anhydres contenue dans ces savons est d'environ 53-53,20 %.

On fabrique aussi suivant les mêmes principes des savons 68 %, 66 %, etc.

Frappage, etc. — Ce savon se vend en barres et en morceaux comme le précédent; il a aussi, lui, besoin d'être étuvé avant d'être frappé.

On met en vente quelquefois sous le nom de 60 % des savons fabriqués par d'autres procédés (à froid, comme nous le verrons plus loin); mais ces savons sont beaucoup moins purs, même s'ils contiennent réellement 60 % d'huile, car ils n'ont pas été levés sur lessive.

IV. — Savons durs ordinaires.

Nous comprendrons sous cette dénomination tous les autres genres de savon dur.

Appareils. — On se sert dans bien des cas des chaudières à serpentin déjà indiquées,m ais on en utilise aussi d'autres (Chaudière conique

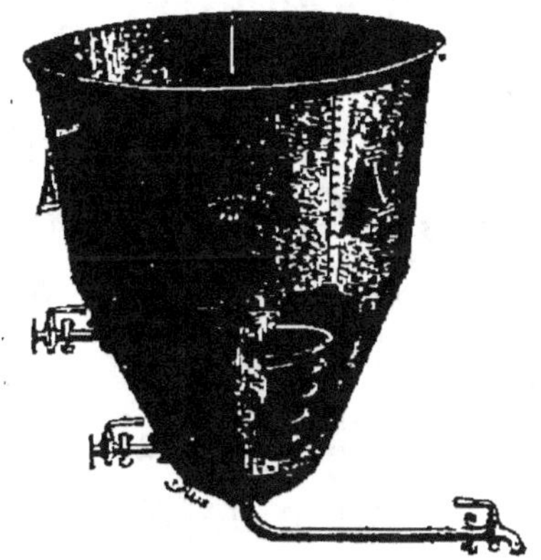

Fig. 38. — Chaudière conique chauffée par serpentin
(Morane aîné).

Fig. 39. — Chaudière par double fond (Morane aîné).

(fig. 38) chauffée par serpentin, chaudière chauffée par double fond) (fig. 39).

Enfin pour les pâtes épaisses qui doivent bouillir, on se sert de *chaudière à feu nu en tôle* (fig. 40 et 41).

Ces chaudières sont montées dans un massif en maçonnerie au-dessus d'un foyer.

Le fond de la chaudière doit être au moins à 45 centimètres de la grille, pour qu'avec une épaisseur de charbon normale le feu ne soit pas trop près de la plaque de tôle formant le fond.

Certains savons se présentent sous la forme d'une pâte très épaisse; le fond pourrait rougir et se brûler rapidement.

Les gaz chauds circulent deux fois autour de la chaudière en l'enveloppant complètement.

Ils s'échappent ensuite à la cheminée par une conduite latérale.

En cours de chauffage, il faut éviter autant que possible les rentrées d'air froid, qui abîment toujours beaucoup la tôle du fond portée à haute température.

Chaudière autoclave. — On se sert aussi beaucoup pour la fabrication des savons de chaudières autoclaves (principalement en Angleterre et en Amérique). Ces chaudières sont, en

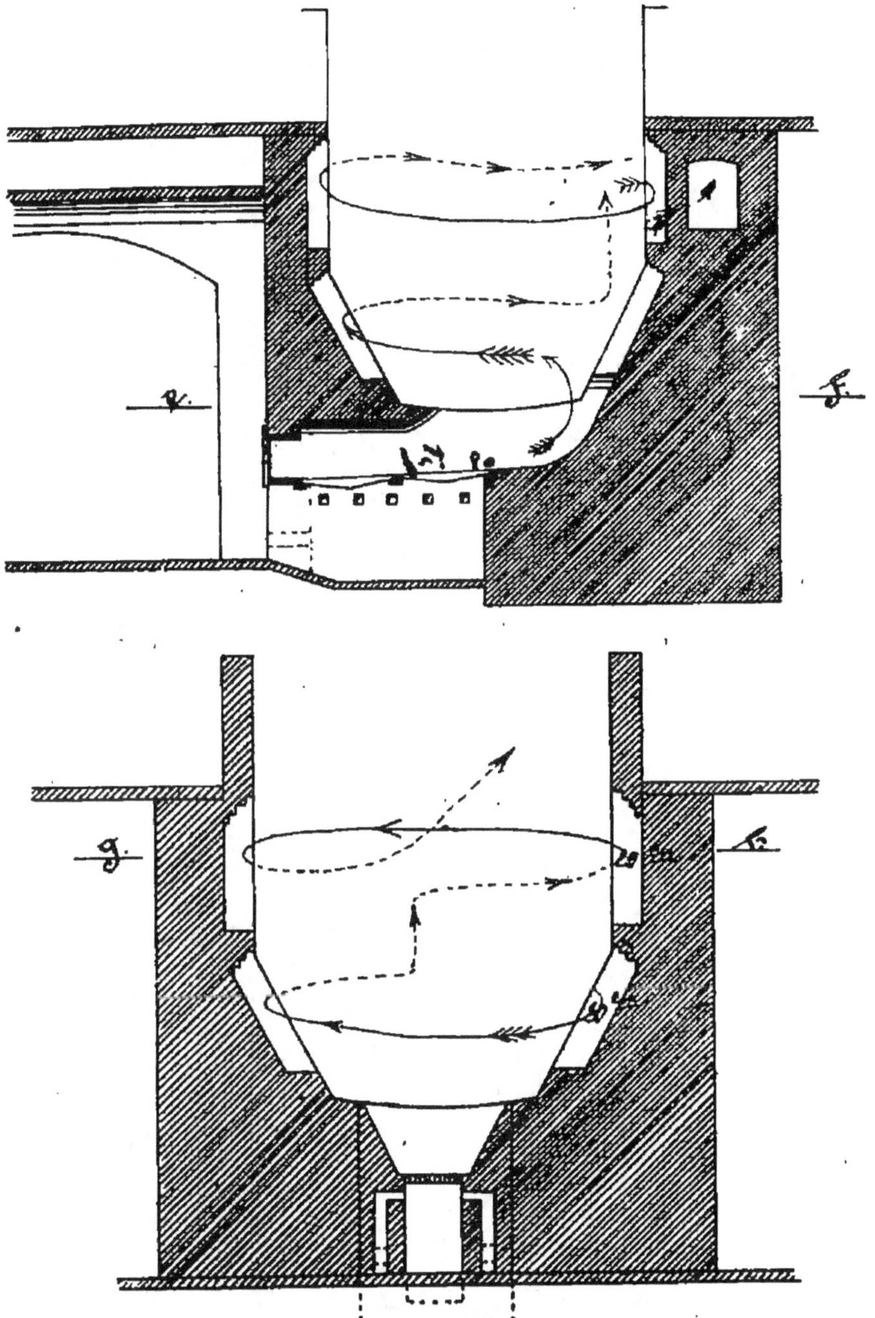

Fig. 40. — Chaudière à savon chauffée à feu nu (coupe verticale).

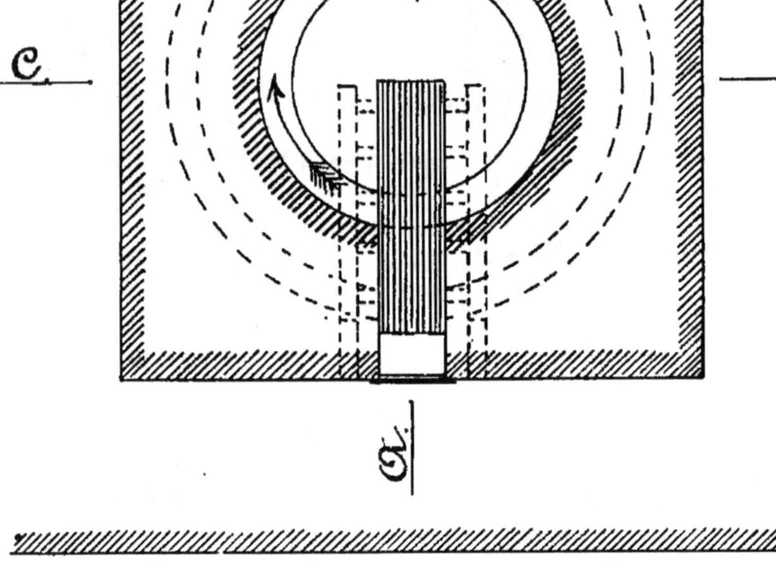
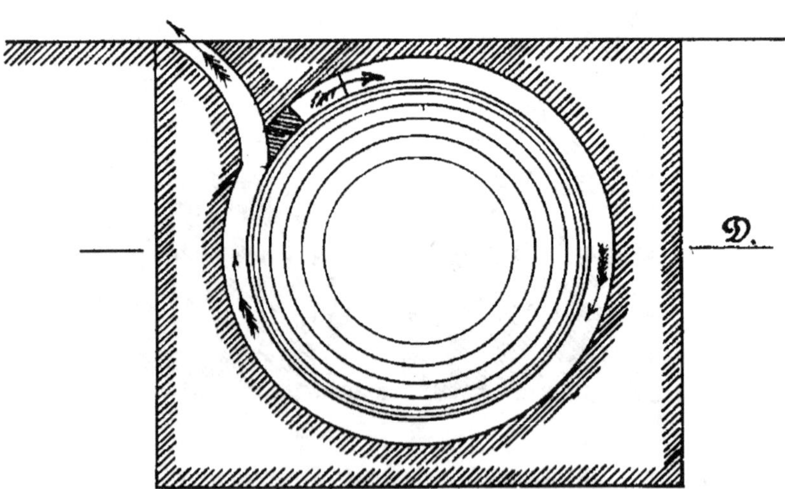

Fig. 41. — Chaudière à savon chauffée à feu nu (plan coupe).

général, chauffées par un double fond; la pression à l'intérieur peut être montée à deux, trois,

Fig. 42. — Mélangeur à vapeur (Morane aîné).

quatre atmosphères, etc. Elles doivent donc être
munies d'une soupape de sûreté. Un trou d'homme
permet l'introduction des matières. La saponification sous pression se fait plus rapidement qu'à
la température ordinaire à l'air libre.

La vidange du savon est une opération très facile; on peut même le couler à un niveau supérieur à celui de la chaudière en utilisant la

Fig. 43. — Chaudière à froid (Savy, Jeanjean).

pression de celle-ci pour faire remonter le savon par un tube plongeant au fond.

Enfin, pour la fabrication des savons à basse température, on se sert de différents appareils qui, en opérant sur de petites masses, permettent d'avoir un brassage bien meilleur et une saponification plus rapide (Mélangeur, fig. 42).

Cet appareil peut aussi servir à mélanger ensemble différentes espèces de pâtes de savon (empâtage, relargage par exemple), comme nous le verrons plus loin.

La chaudière (fig. 43), spécialement établie

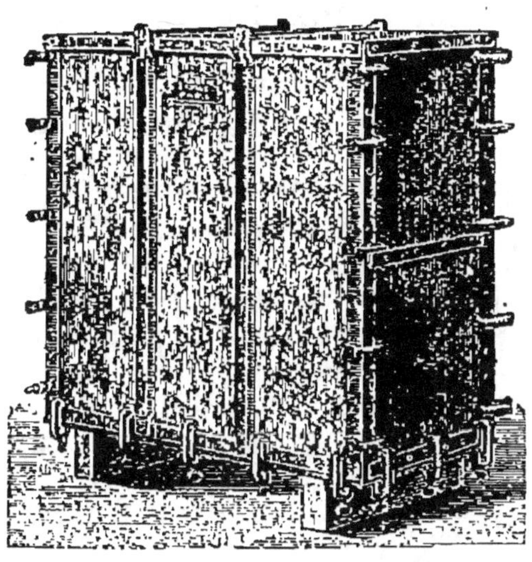

Fig. 44. — Mise en fer (Vve Lambert et fils).

pour la fabrication des savons à froid, produit un empâtage rapide par l'effet de la spire centrale qui brasse constamment la matière traitée par son mouvement ascensionnel.

Mises à savon. — Les mises à savon le plus généralement employées sont des mises en fer très étanches.

Le joint est dû uniquement à ce que les arêtes des cornières, soigneusement rabotées en demi-rond, s'appliquent exactement dans les rainures demi rondes et rabotées des fers plats.

Les mises à fermeture par serre-joints (fig. 44) sont préférables aux autres; elles suppriment les boulons et les clefs, le montage et le démontage de la mise sont considérablement simplifiés.

Leur capacité est d'environ 500 kilogrammes jusqu'à 4000 kilogrammes.

On emploie aussi souvent pour les grandes dimensions des mises en bois dont les côtés sont maintenus en place par des boulons.

Le refroidissement dans ces mises est moins rapide, ce qui est préférable pour les savons marbrés.

Les mises en fer utilisées pour savons marbrés sont souvent enveloppées de matelas spéciaux.

GENRE MARSEILLE OU SAVONS LEVÉS EN LESSIVE

Savon d'oléine ou acide oléique. — Pour la fabrication de ce savon unicolore, on se sert d'acide oléique de saponification (bougies); celui de distillation, qui est bien plus impur, donne des savons tout à fait inférieurs et, en tout cas, ne peut pas s'employer seul.

L'oléine, étant un acide gras, peut se saponifier directement par le carbonate de soude avec dégagement d'acide carbonique.

Empâtage au CO_3Na_2. — L'acide oléique demande pour se transformer en savon 19 kilogrammes de carbonate de soude à 100 % par 100 d'acide oléique, ou 14,24 (NaOH) pure.

On met l'acide oléique en chaudière, puis on le chauffe par barbotage de vapeur; on y projette avec précaution le carbonate de soude en poudre fine.

Le dégagement de CO_2 commence aussitôt en faisant fortement écumer la masse.

Dès que l'écume est un peu tombée, on rajoute une nouvelle quantité de carbonate, et ainsi de suite jusqu'à la fin.

Le savon formé est incomplet, même si l'on a mis plus de CO_3Na_2 qu'il n'en faut pour saponifier l'acide oléique; aussi généralement on ne met pas en CO_3Na_2 tout ce qu'il faut pour saponifier l'acide oléique.

La saponification s'achève pendant la cuisson, comme nous le verrons plus loin.

Empâtage à la soude caustique. — Il faut ici des lessives fortes et chargées en sel marin obtenues par le mélange de bonnes lessives de soude caustique à 23-24° Baumé, avec des lessives de recuit provenant d'autres empâtages et qui ont été purifiées avec un peu de chaux.

On met environ par 5 000 kilogrammes d'huile 2 500 kilogrammes des lessives précédentes, et on fait couler l'acide oléique dans les lessives bouillantes.

Après repos assez prolongé, on soutire les lessives de la partie inférieure.

Cuisson. — Que l'empâtage soit fait d'une façon ou d'une autre, le savon a besoin d'être cuit pour absorber la quantité complète d'alcali qui lui est nécessaire.

Cette opération se fait généralement en un seul service.

On ajoute en chaudière environ 2500 kilogrammes de lessive neuve à 25° Baumé et on porte à l'ébullition.

Pour favoriser la formation du grain, on ajoute aussi une certaine quantité de lessives usées salées, 1000 à 1100 kilogrammes, ou bien on projette en chaudière un peu de sel marin.

Lorsque l'ébullition est bien en train, on complète la nourriture de la pâte par une addition de caustique pur d'environ 1000 à 1100 kilogrammes à 26-27º Baumé.

A mesure de la concentration de la lessive, la pâte se resserre et présente à la fin les mêmes signes de cuisson que ceux indiqués pour le savon blanc genre Marseille : pressée entre les doigts, on a des écailles sèches.

La lessive sous-jacente doit être encore caustique.

Liquidation. — Ce n'est pas une véritable liquidation que l'on fait ici ; car, tout en opérant de la même façon que pour le 72 %, on s'arrête lorsque la lessive marque 18-19º Baumé.

Si on descendait au-dessous, la pâte manquerait de consistance ; si on restait au-dessus, la pâte donnerait un savon trop sec et trop cassant.

Coulage. — Après un repos au minimum de vingt-quatre heures, le savon est coulé dans des mises en fer ; mais il faut le brasser énergiquement pendant la solidification, car autrement il ne serait pas uniforme de couleur.

Coupage, etc. — Le savon en mises étant froid et les côtés de ces mises étant enlevés, on découpe en trois ou quatre blocs suivant la grandeur de la mise. Ces blocs sont divisés en tables au moyen de cadres en bois et de tirettes en fil d'acier, ou de machines.

Les morceaux doivent être passés à l'étuve, comme ceux de savon blanc.

100 kilogrammes d'acide oléique rendent environ 160 kilogrammes de savon.

On peut fabriquer ce savon en une seule opération, en mettant d'un seul coup en chaudière une quantité de lessive suffisante pour saponifier la matière grasse avec un léger excès.

Soit 5000 kilogrammes d'oléine.

On met en chaudière environ 5500 kilogrammes de lessive à 25º Baumé, et on fait couler l'acide oléique dans la lessive bouillante. Pour aider à la formation du grain, on ajoute en chaudière un peu de sel marin à l'état de dissolution 20-22º Baumé ou à l'état nature.

La meilleure façon d'opérer est d'espiner la lessive de cuisson et ensuite de liquider comme précédemment.

On peut, pour aller plus vite, terminer la

cuisson à 19-20° Baumé, qui est aussi le point de liquidation.

On laisse toujours reposer longtemps en chaudière, douze ou dix-huit heures avant de le couler en mises, où on le brasse.

Des trois façons d'opérer indiquées, il est évident que la première, qui se rapproche de la fabrication des savons blancs ordinaires, donne un produit plus pur.

Entre la lessive et le savon il y a une couche sirupeuse prenant en gelée par le refroidissement. Il y a là-dedans un peu d'oxyoléate de soude, de l'oléate de fer verdâtre, des produits colorés, des combinaisons de soude avec des acides particuliers (acide sébacique, etc.).

Savon de suif. — Le suif est une matière assez difficile à saponifier, aussi cette opération demande-t-elle une attention spéciale.

Soit 5000 kilogrammes de suif; on met en chaudière environ le quart de la lessive nécessaire à 10-12° Baumé, soit environ 2800 kilogrammes; on la porte à l'ébullition et on ajoute la totalité du suif.

Le suif passe, au début, à l'état de petits globules formant avec la lessive une émulsion blanche. Au bout d'un certain temps, la masse épaissit et prend un aspect gélatineux.

Il se forme au début une écume abondante, qui disparaît ensuite.

On ajoute ensuite petit à petit de la lessive plus forte à environ 20° Baumé, environ 4000 kilogrammes.

La goutte de savon doit se présenter d'une façon bien égale sur une plaque de verre et s'en séparer facilement.

S'il n'y a pas assez de lessive, il se forme un cercle graisseux et transparent autour de la goutte solidifiée et blanchâtre.

Salage. — Il se fait en projetant en chaudière un peu de NaCl, ou mieux en ajoutant en chaudière des lessives de recuit non caustiques auxquelles on ajoute du sel.

Sous l'influence de l'ébullition, le savon se sépare en grumeaux venant flotter à la surface de la lessive.

Il ne faut pas du tout de sel dans les lessives destinées à l'empâtage du suif. Si la lessive mise au début en chaudière était trop concentrée, la saponification ne se ferait pas ; il faudrait alors rajouter un peu d'eau en chaudière.

De même aussi, avec des lessives trop faibles, l'opération pourrait mal marcher ; on rajouterait alors un peu de lessive plus forte.

On peut opérer autrement pour l'empâtage.

On met le suif en chaudière et on l'amène à 40-45 centigrades. On y ajoute alors, en brassant, de l'eau tiède contenant 3 à 4 $^0/_0$ de savon, il se forme une très belle émulsion ; on ajoute ensuite petit à petit la lessive en chauffant et brassant. La combinaison se fait très facilement.

Cuisson et liquidation. — Se font comme celle du savon à l'acide oléique, mais on liquide souvent un peu plus bas. La partie supérieure doit se recouvrir de larges plaques chatoyantes, les grains étant flasques et aplatis.

La suite du travail, repos, coupage, etc., se fait de la même façon.

Rendement en savon. — Le rendement en savon est d'environ 170 $^0/_0$.

Savon fait avec des suifs ou graisses plus ou moins colorées. — Pour blanchir ce savon, qui autrement pourrait être foncé, l'opération du salage ou relargage terminée, on redissout le savon dans l'eau et on le sale à nouveau; on enlève ainsi une nouvelle partie de la matière colorante.

Savon aux amandes et aux fleurs. — Dans certaines régions, on laisse moins longtemps reposer en chaudière, et, le savon étant coulé en mises, on passe en travers de la masse et dans le sens de la longueur un bâton de l'épaisseur du doigt. On forme ainsi une série de stries parallèles. On fait de même en travers.

Le savon refroidi présente une espèce de quadrillage de parties plus claires et plus foncées.

Savon genre dijonnais. — On peut aussi introduire, en brassant dans la masse au moment où la masse va se solidifier, un peu de savon chaud très fluide coloré (rouge, bleu, etc.); en brassant inégalement, il y a une pénétration plus ou moins complète.

Après refroidissement, on a une espèce de marbrure artificielle qui porte aussi le nom de marbrure au bâton.

Savon d'acide oléique et de suif. — On fabrique souvent du savon par le mélange de ces deux corps gras. Généralement on ne se sert pas de suif blanc de boucherie, mais de suifs inférieurs (suif d'os, etc.).

On met pour 5000 kilogrammes d'huile 1000 de suif et 4000 kilogrammes d'acide oléique.

On emporte généralement le suif d'abord avec des lessives faibles, puis ensuite l'acide oléique.

Même traitement que le savon à l'acide oléique.

$$
\text{Composition.} \begin{cases} \text{Eau} & 33,5 \\ \text{Acides gras} & 59,50 \\ \text{Soude} & 6,48 \\ \text{Sels} & 0,52 \end{cases}
$$

$$\overline{100,00}$$

Savons à l'huile de palme, palmiste, suif, oléique, etc. — On fabrique des savons d'une façon analogue à celle décrite ci-dessus. Les mélanges les plus fréquents sont l'huile de palme et acide oléique (1 huile de palme, 2 oléine).

Ce savon se fait généralement en une seule opération. On peut employer des lessives à 18-20-25° Baumé, car le mélange d'huile de palme et d'acide oléique se saponifie très bien dans ces lessives. On termine à 19-20° Baumé.

On peut employer de l'huile de palme brute (Angleterre), ou de l'huile de palme décolorée (Allemagne).

Dans le premier cas, le savon a un peu l'odeur agréable de l'huile de palme.

On fabrique aussi du savon avec du suif et de l'huile de palme (on commence toujours par saponifier le suif); avec de l'acide oléique et de l'huile de coprah (on peut ici mettre dès le début des lessives fortes et même un peu salées, car cela n'arrête pas la saponification du mélange d'acide oléique et d'huile de coprah, qui sont généralement projetés dans la lessive bouillante).

Tous ces savons contenant du coprah, palme, palmiste, ont besoin de moins de sel marin, car le savon par lui-même est suffisamment dur.

Savon dit de cire. — C'est une variété de savon qui est fabriquée en Allemagne avec un mélange de suif 80 %, huile de coprah 10 %, huile de palmiste 10 %.

Le savon n'est que très peu salé après un empâtage légèrement caustique. Le savon ne vient pas en grains, mais néanmoins il se forme une séparation dans la masse qui, après repos en chaudière, présente deux couches, une supérieure blanche et une inférieure foncée.

La partie inférieure sert à faire des savons de qualité inférieure.

Tous les savons dont nous venons de parler peuvent être fabriqués avec des acides gras obtenus à l'autoclave; dans ce cas, on opère comme pour le savon à l'acide oléique.

SAVONS D'EMPATAGE

Dans ces savons, la fabrication se fait en une seule opération. On ajoute à l'huile juste la quantité de lessive qu'il lui faut pour la transformer en savon, on a ainsi une pâte. C'est cette pâte que l'on coule en mises après cuisson sans salage ni liquidation.

On voit immédiatement que ce savon ainsi fabriqué contient toutes les impuretés de la matière grasse mise en œuvre; on ne peut donc employer que celles qui sont très pures et très blanches.

Les deux inconvénients à éviter sont le manque et l'excès d'alcali : dans le premier cas, le savon n'a pas de consistance, un vilain aspect, et prend rapidement une odeur de rance; dans le second cas, il se forme sur lui des efflorescences blanchâtres (poussage au sel); de plus, il brûle les mains de ceux qui s'en servent.

Les différentes manières d'opérer sont :

1º *Saponification à froid;*

2º *Basse température 80-90º centigrades;*

3º *A chaud.*

Savon à froid. — On emploie souvent cette fabrication pour les savons de toilette. On se sert généralement d'appareils du genre de ceux indiqués plus haut (fig. 43)', qui évitent le dur travail du brassage à la main.

Ces savons sont presque toujours faits à base de coco ou de coprah, avec un peu de suif de palmiste, etc.

Les huiles étant à une température de 40-42º centigrades, on y fait couler la lessive en brassant énergiquement.

Si l'on emploie de l'huile de coprah pure, il faut ajouter un peu de lessive de potasse en remplacement d'une partie de la lessive de soude, autrement on aurait un savon trop dur.

Coprah	1 000	kilogrammes.
Soude 36° Baumé	600	—
Potasse 36° Baumé	70	—

Il est bon de faire un essai en petit avant de commencer pour voir si la quantité de lessive (qui varie avec la pureté de celle-ci) est trop forte ou trop faible.

On continue de brasser jusqu'à ce que la pâte commence à épaissir, et on coule alors en mises où la saponification s'achève. Il ne faut pas brasser en mises, mais au contraire les entourer de matières isolantes empêchant la déperdition de chaleur.

Voici quelques autres compositions de savon fabriquées de la même façon.

Suif blanc	1 000	kilogrammes.
Huile de coprah	1 000	—
Lessive 30° Baumé	1 500	—
Carbonate de potasse 25° Baumé	300	—

Suif	100
Palmiste	100
Coprah	100

Lessive 35° Baumé = 180 kilogrammes.

On emploie aussi environ 50 % de lessive à 38-40º Baumé. Ces savons doivent être étuvés légèrement avant d'être frappés; ils ont un très bel aspect.

On fabrique aussi ainsi des savons de qualité inférieure avec des résidus d'épuration d'huiles, graisses foncées, etc.

2º Empâtage à basse température. — Ces savons se font toujours à base d'huile de coprah, de palmiste, mélangés avec de la graisse d'os, petit suif, etc.

On chauffe la matière grasse dans une chaudière à serpentin munie d'un mélangeur à 80-90º, puis on y fait couler de la lessive à 25º Baumé.

```
800 kilogrammes huile de coprah.
200      —      graisse d'os.
1050     —      de lessive à 25º Baumé.
```

On continue à chauffer sans interrompre le brassage.

Ces savons peuvent avoir un très grand rendement, car on leur ajoute souvent de l'eau, de l'eau salée à 22-23º Baumé, du carbonate de potasse, etc., de soude, une fois que la saponification est terminée; mais ces savons à grand rendement diminuent beaucoup de volume en magasin en perdant une partie de l'eau qu'ils contiennent. On y ajoute aussi quelquefois de la fécule, de l'amidon, etc., ou des matières inertes : craie, talc, kaolin, etc.

On remplace aussi souvent un peu de soude caustique par de la potasse caustique.

3º Empâtage à chaud. — On opère soit en projetant petit à petit la lessive sur les corps chauds, soit en faisant couler les huiles dans la lessive bouillante suivant la nature des corps gras. On continue ensuite à faire bouillir un certain temps, pour être sûr que la saponification est bien achevée.

C'est pendant cette ébullition que l'on incorpore les différentes ajoutes que l'on veut faire porter au savon.

(1)

Huile de coprah	1 000	kilogrammes.
Lessive à 20 Baumé	1 400	—
— potasse 20 Baumé	100	—
Solution NaCl 21 Baumé	300	—
— CO³K² 30 Baumé	300	—

(2) Savon huile de palmiste.

Huile de palmiste	1 000	kilogrammes.
Lessive de soude 20 Baumé	1 350	—
— carbonate potasse 30 Baumé	300	—
— carbonate soude	200	—
Sel marin	500	—

On fait aussi des savons avec un mélange d'huile de coprah, de palmiste, de palme, de suif, même d'huiles de coton en employant différents mélanges suivant la nature des produits que l'on veut fabriquer. Les rendements de ces savons varient de 230 à 350, suivant la quantité d'ajoute. En plus des matières indiquées plus haut, on met souvent dans ces savons un peu de chlorure de K.

40 % huile de coprah.
40 % huile de palmiste.
10 % palme brute.
10 % suif ou graisses blanches.

50 % palmiste.
15 % coprah.
15 % coton.
20 % suif, etc.

Le calcul des lessives se fait suivant la nature des huiles.

Ce sont les savons où il y a de l'huile de coprah qui peuvent absorber le plus d'eau.

Ces savons peuvent se faire avec des acides gras autoclavés ou autres.

3⁰ Savon mixte. — Ce savon porte aussi le nom de savon suisse ou de savon Eschweg. Il est fabriqué par le mélange d'un savon levé sur lessive (composé des matières grasses les moins pures qui sont ainsi purifiées) et d'un savon d'empâtage à chaud.

Le savon de relargage est fait avec de l'huile de palme décolorée, du suif, des graisses diverses, quelquefois un peu d'huile d'arachide, de coton, etc.

Ce savon se fabrique en une seule fois, comme ceux dont nous avons déjà parlé :

Soit 5 000 kilogrammes d'huile au total.

Savon de relargage { Graisse d'os 40 %   2 000
{ Suif ou palme blanchie 20 %   1 000

Savon d'empâtage { 40 %   2 000
{ Coprah et palmiste mélangés ou coprah seul.

Si on veut avoir des savons plus durs, on force la proportion de coprah.

Voici une autre composition :

Suif   50 % = 2 500 kilogrammes.
Palme blanchie 20 % = 1 000   —

Ceci pour le savon de *relargage.*

Savon d'*empâtage.*

Huile de coprah 20 %   1 000 kilogrammes.
    —   palmiste 10 %   500   —

Le savon de relargage ne doit pas avoir du tout d'écume à la surface lorsqu'il est fini, le début de l'empâtage ayant été fait avec des lessives faibles, comme toutes les fois que l'on emploie du suif.

Le savon d'empâtage demande à ne pas être fait avec des lessives trop faibles, car il faudrait ensuite évaporer trop d'eau pour amener le savon à la consistance voulue.

On met généralement des lessives à 22 ou 23° Baumé; dans ce cas, on peut employer les proportions suivantes, par exemple :

1 000 ^{kgr} huile de coprah   = 1 240 ^{kgr} lessive à 22-23.
1 000 ^{kgr} —   palmiste = 1 160 ^{kgr} —

On remplace souvent un peu de cette lessive par un peu de KOH.

Il en faut toujours un léger excès.

Le savon d'empâtage se fait aussi avec des lessives plus fortes à environ 25º Baumé. Dans le savon précédent, il faut environ pour les 1000 kilogrammes d'huile de coprah 1100 kilogrammes de soude caustique à 25º Baumé, un peu moins pour le palmiste.

On transvase le savon levé sur lessive dans celui d'empâtage en brassant et en continuant à faire bouillir.

La masse se relie bientôt et monte en chaudière.

On règle la quantité de lessive exacte nécessaire jusqu'à ce que le savon laisse sur la langue un goût alcalin très prononcé.

Une goutte d'essai prise sur un couteau s'écoule en un fil mince, incolore et semblable à du verre fondu.

Les plaques de savon qui se forment les unes sur les autres font un certain bruit, et une goutte de savon mise sur une plaque de verre se solidifie promptement sans se séparer en deux parties.

Enfin il ne faut pas qu'une goutte d'essai se forme en fil, lorsqu'on écarte le pouce et l'index après l'avoir prise entre ceux-ci.

Le savon présentant les indices d'une bonne cuisson, on lui ajoute souvent un peu d'eau salée qui donne de la dureté à la pâte. On y ajoute aussi souvent un peu de carbonate de potasse, de soude, etc.

Il faut être prudent dans le maniement de l'eau salée qui séparerait la pâte.

Voici d'autres compositions :

suif   70 %   coprah   30 %   etc.

On emploie souvent dans la fabrication de ces savons de la vapeur surchauffée au lieu des chaudières à feu qui sont nécessaires.

Cette vapeur, en barbotant à travers la pâte, empêche celle-ci de s'attacher au fond de la chaudière et de brûler, comme cela arrive quelquefois dans les chaudières à feu nu.

Coloration du savon. — On peut laisser le savon à l'état blanc en le coulant en mises comme les savons précédents, et en le brassant en mises pour avoir une pâte bien uniforme. En Allemagne, on colore souvent avec du noir d'os pour obtenir un marbrage gris, environ 100 grammes par 1000 kilogrammes de savon.

On colore aussi avec de l'ocre rouge (marbrure rouge), 2 à 3 kilogrammes pour 1000 de savon, ou du bleu d'outremer, 0^{kgr},600 pour 1000 de savon.

Ces matières colorantes dissoutes dans un peu de lessive faible sont mises en chaudières dès que le savon est fini. On fait bouillir jusqu'à ce que la masse soit bien homogène. On coule en mises le savon chaud soit à l'état bouillant, soit à une température un peu inférieure suivant la nature de la pâte.

Pendant le refroidissement lent de la masse, il se fait dans l'intérieur de la masse des parties grises, rouges ou bleues, traversées par des veines blanches.

Le point délicat de cette fabrication est l'épaisseur de la pâte et son point de coulage, car la mise peut rester uniformément colorée (pâte trop épaisse ou pas assez chaude), ou bien la partie colorante tombe au fond de la mise (pâte trop liquide par excès d'alcali, ou de sel, ou coulée trop chaude).

Les mises en bois ou en fer recouvertes de

matelas contiennent de 1000 à 4000 kilogrammes de savon.

On obtient des veines plus larges dans les grandes mises où le refroidissement est plus lent.

Coupage, etc. — Les blocs sont débités comme il a été dit plus haut. On met ensuite le savon en barres ou en morceaux.

4o Savons silicatés. — Comme nous l'avons indiqué au début de cet ouvrage, le silicate de soude est une ajoute très employée en savonnerie.

1o *Savons levés sur lessive.* — Au lieu de couler le savon fini en mises, on le transvase dans une autre chaudière contenant du silicate chaud mélangé d'un peu de lessive, et on brasse jusqu'à ce que l'incorporation soit bien complète. On coule alors en mises.

Souvent on coule directement le savon en mises, et c'est là que l'on incorpore le silicate chaud en brassant jusqu'à solidification complète.

2o On en met dans les *savons d'empâtage*, soit à basse température, soit à chaud; on peut aller jusqu'à 60 °/₀. Dans ce cas, le silicate se met en chaudière; lorsque le savon est fini, on l'additionne d'un peu de lessive.

3º On fabrique beaucoup de *savon Escheweg marbré*, comme celui dont nous avons parlé précédemment, en remplaçant l'addition d'eau salée par une addition de silicate de soude. Dans ce cas, le savon séparé se fait en séparant non avec du sel marin, mais avec de la lessive caustique à 36º Baumé. On met le silicate additionné de lessive lorsque le savon présente les signes de fin de cuisson. On en met 25, 30, 40 °/₀. On colore alors le savon de la même façon que nous avons indiqué plus haut, et on coule en mises où la marbrure se forme naturellement.

Ce genre de savon Escheweg au silicate est beaucoup plus fabriqué que le précédent.

$$\text{Composition} \begin{cases} \text{Acides gras} & 47,00 \\ \text{Alcali} & 11,5 \\ \text{Eau} & 30,5 \\ \text{Silice} & 11,00 \\ \hline & 100,00 \end{cases}$$

Les savons au silicate doivent être tenus un peu plus caustiques que les autres, car dans une pâte manquant d'alcali le silicate se coagule et tombe au fond en masse épaisse:

On fabrique aussi des savons marbrés au bâton avec des savons Escheweg silicatés ; la manière de procéder est absolument la même, c'est au moment où le savon va se solidifier que l'on introduit le savon coloré chaud et liquide.

Les savons mouillés au moyen du silicate de soude prennent à la surface une apparence vitreuse, car l'acide carbonique de l'air sépare l'acide silicique de la soude. Les savons silicatés diminuent par là même très peu au séchage.

Autre savon marbré au silicate. — On peut obtenir des savons marbrés bleus et rouges d'une façon un peu différente. Soit un savon de composition suivante :

(1)

Huile de palmiste	1 000	kilogrammes.
Lessive de soude 20 Baumé	1 200	—
Solution de potasse 35 Baumé	1 000	—
Eau salée à 23 Baumé	1 200	—
Solution colorante	75	—

(2)

Huile de palmiste	1 000 kilogrammes.	
Soude caustique 20 Baumé	1 200	—
Eau salée à 21 Baumé	1 300	—
Solution colorante	100	—

(3)

Huile de palme	1 000 kilogrammes.	
Lessive soude 20 Baumé	1 200	—
Carbonate potasse à 35 Baumé	500	—
Sel marin 24 Baumé	500	—
Chlorure de K à 20 Baumé	200	—
Solution colorante	60	—

La solution colorante est composée de la façon suivante :

> 10 kilogrammes silicate de soude.
> 5   —   eau.
> 5   —   lessive caustique à 20 Baumé.
> Couleur rouge ou bleue.

On empâte à chaud et on fait bouillir le savon, puis on met l'eau salée. On ajoute alors la solution colorante, puis on coule en mises après que le savon a été un peu refroidi. Lorsque, avec l'habitude, on est arrivé au bon degré de coulage, on a un savon marbré rouge ou bleu.

Les savons au silicate doivent être laissés de côté comme savons industriels, car ils déposent un peu de silice sur les fibres des tissus, ce que l'on peut facilement constater au microscope.

5º Savon résineux. — La quantité de soude caustique NaOH nécessaire pour saponifier la résine est de 12 kilogrammes pour 100 kilogrammes de résine. La résine étant constituée pour la plus grande partie d'acides libres, on peut faire une partie de la saponification au carbonate de soude. La résine ou colophane commerciale est plus ou moins foncée; pour la purifier, on la fait fondre, puis on la décante dans un autre récipient contenant de l'eau amenée à 10º Baumé par de l'acide chlorhydrique (9 kilogrammes d'eau acidulée, % de résine).

On fait bouillir environ une heure; si un premier traitement ne suffisait pas, on recommencerait une ou deux autres fois. Certaines résines ne se blanchissent pas.

La résine peut entrer dans tous les genres de savons dont nous avons parlé.

1º *Savons levés sur lessive.* — Le savon résineux étant légèrement soluble dans les dissolutions salées, on ne met la résine en chaudière que vers la fin de la cuisson, en ajoutant la quantité de lessive nécessaire à sa saponification.

La liquidation se fait ensuite à la façon ordinaire. Si l'on veut avoir des savons blancs ou légèrement jaunâtres, on met 6, 8, 10 % de résine bien claire. Pour certains savons de couleur foncée, on va jusqu'à 40, 60 % et même plus.

Les huiles employées sont le coprah, palme, palmiste, suif, etc. Lorsque le savon est terminé, la pâte pressée entre les doigts doit s'écailler et la lessive sous-jacente marquer 20º Baumé.

2º *Savon par brassage.* — On fait généralement fondre la résine dans la matière grasse, puis ensuite on opère comme il a déjà été indiqué.

(1)

Résine	1 000	kilogrammes.
Huile de coprah	500	—
— palme	500	—
Lessive à 35º Baumé	1 200	—

(2)

Palmiste	80	kilogrammes.
Suif	20	—
Résine	25	—
Lessive à 38 Baumé	60	—

	Silicate soude	30
Mélange	Lessive 38º	6
	Carbonate de soude à 25 Baumé	12

3º Savons résineux par empâtage du chaud.
— On ne doit pas mettre la résine en morceaux, même concassée, dans le savon bouillant, car elle tombe au fond, et comme on emploie généralement des chaudières à feu nu, elle brûle en fondant et parsème la cuite de petits points noirs. On la saponifie généralement la première dans la lessive, où on la fait fondre avec l'huile comme précédemment.

On suit les progrès de la cuite sur une feuille de verre; lorsqu'en refroidissant la goutte devient trouble, c'est l'indice d'un excès d'eau.

On règle aussi la lessive de façon à avoir un goût alcalin assez prononcé. En bouillant il doit se séparer en grandes plaques couleur foncé, et le savon ne doit pas s'étirer en fils entre les doigts.

Huile de palmiste	1 000 kilogrammes.	
Résine	300	—
Lessive à 30 Baumé	1 120	—
Eau	600	—
Carbonate de soude	30	—
Silicate de soude	100	—
Eau salée 17 Baumé	1 400	—

Le silicate et l'eau salée ne sont ajoutés au savon qu'une fois la cuisson finie, après avoir laissé tomber le feu.

4o On fait aussi des genres de savon à la *résine, procédé Escheweg*, en le faisant marbrer comme l'ordinaire. Le plus connu est le savon dit *d'Oranienbourg*. On saponifie la résine à part et on mélange le savon de résine au savon de coco, de palme et de suif.

Coprah	1 000 kilogrammes.	
Palme	1 000	—
Résine	1 000	—

Lorsque l'on emploie du suif, on est obligé de mettre moins de résine.

Dans le savon froid, les blancs sont jaunes et les parties colorées d'un noir gris, car ce savon est coloré au noir animal. De plus, ce savon est souvent additionné d'une forte proportion de silicate de soude (Allemagne, Amérique); dans ce cas, naturellement, il ne faut pas du tout ajouter d'eau salée.

Formules diverses.

Empâtage à chaud :

Coprah	70 %
Suif	25 %
Résine	5 %
Soude caustique 20° Baumé	140 %
Carbonate de potasse 35° Baumé	10 %

Savon transparent.

On saponifie $\begin{cases} 80 \text{ coprah} \\ 20 \text{ palme} \end{cases}$

à chaud jusqu'à faible réaction caustique, on ajoute 15 % résine pulvérisée en brassant, et on mouille avec 80 % d'une solution à 20° Baumé d'eau salée et de soude caustique par moitié, à laquelle on ajoute 500 à 600 grammes de sel de saturne ou acétate de Pb.

Les savons contenant de la résine moussent beaucoup et, étant généralement assez alcalins, permettent de laver dans les eaux de qualité inférieure; mais ils ne peuvent être employés comme savons industriels pour les tissus, car ils laissent une partie graisseuse qui gênerait ensuite beaucoup si l'on voulait teindre ces tissus.

CHAPITRE V

Les savons mous sont les savons à base de potasse. Ils sont plus anciens que les savons durs, car la potasse a été connue avant la soude (extraction par lessivage des cendres de bois).

1º Matières grasses. — Les principales huiles employées dans la fabrication des savons mous sont les huiles de lin, chanvre, navette, coton, olive, maïs, poisson, caméline, œillette, acide oléique, sésame, etc.

Les huiles les plus employées sont l'huile de lin, l'acide oléique, etc. (saponification calcaire).

Toutes ces huiles, sauf acide oléique, ne sont pas employables, du moins pures, en toute saison ; en hiver il faut employer surtout celles de lin, chanvre, œillette, caméline.

2o Potasse. — Le point important à étudier est la quantité de soude et de sels neutres contenue dans les lessives de potasse.

En effet, si en été une proportion de 15-20 $\%$ de soude sur la potasse ne gêne nullement et, au contraire, donne de la consistance au savon, la même quantité en hiver rendrait les savons opaques.

Il n'en faut pas plus de 5 $\%$.

Pour avoir de beaux savons mous, il faut dans les lessives une certaine proportion de sels neutres de potasse (carbonate, chlorure, etc.); cette quantité est en moyenne de 20-25 $\%$ du poids de la potasse, certaines huiles en demandent moins.

Il faut donc, lorsque l'on a affaire à différentes espèces de savons mous, préparer une lessive de base contenant aussi peu de soude et de sels neutres que possible, et on rajoute des quantités dosées toutes les fois qu'on en a besoin.

Il faut éviter avec soin la présence du NaCl, qui sépare les pâtes pendant la cuisson.

Calcul de la lessive.

Acide oléique $5^{gr} \times 17,8$
100 grammes demandent $17,8 \times 0,056 \times 20 = 19^{gr}93$ KOH

Huile de lin. — Le chiffre de Kœttstorfer ou indice de saponification pour l'huile de lin étant 195-196°, il faut donc par 100 kilogrammes de lin $19^k,500$ à $19^k,600$ de KOH.

Soit environ 20 kilogrammes de KOH par 100 kilogrammes de matières grasses pour les principales huiles employées dans la fabrication des savons mous.

Les huiles de poisson en demandent un peu moins, 19,3 à 19,04, et les huiles de colza un peu moins encore, 17,7 à 17,8.

Nous basant sur cette quantité théorique de 20 %, on a donc le tableau suivant :

KOH	lessive 10 B.	12 B.	15 B.	18 B.	20 B.	26 B.
20^{kgr}	216	183	145	121	107	107

Suivant la nature de la potasse employée, il faudra naturellement augmenter la quantité de lessive précédente.

Ainsi, par exemple, si nous prenons une potasse contenant 77 KOH et 3 NaOH %.

On a approximativement :

$$100 \qquad 80$$
$$x \qquad 20$$

$$x = 25 \text{ kilogrammes de potasse } {}^{75}/_{80}$$

En pratique, on dépasse toujours un peu la quantité indiquée par le calcul.

La teneur des sels neutres de cette potasse est d'environ 3,5 %, ainsi que celle de CO^3Na^2; il est facile d'ajouter ce que l'on veut.

On ne peut ici dans le calcul de la lessive forcer la quantité théorique de la proportion calculée pour KOH (20 à 25). En effet, la potasse caustique ${}^{75}/_{80}$ contient 12 à 13 % d'eau. (La soude caustique ${}^{70}/_{72}$ de Na^2O ne contenant que 1 à 2 % d'eau, on a négligé cette quantité dans le calcul.)

Exemple.

25 kilogrammes potasse ${}^{75}/_{80}$ contiennent 12 %, donc 23 kilogrammes de sels, d'où quantité de lessive par exemple à 10 B. = 250 kilogrammes au lieu de 270 kilogrammes, si on ne tenait pas compte de l'eau.

3º Chaudières. — Les chaudières employées sont toujours des chaudières à feu nu, car on a besoin de faire bouillir fortement la pâte et d'évaporer de grandes quantités d'eau.

Ces chaudières sont presque toujours munies d'agitateurs mécaniques qui servent non seulement pendant l'empâtage et la cuisson de la pâte, mais surtout pour mélanger aux savons les ajoutes que l'on y met souvent.

4⁰ Fabrication. — Le savon mou se fabrique avec des lessives assez faibles, surtout si les huiles sont fraîches, et par là même plus difficiles à saponifier. On emploie une lessive à 10-12⁰ Baumé. Avec l'acide oléique, on peut employer une lessive beaucoup plus forte, 17-18⁰ Baumé.

On commence par mettre en chaudière la matière de la lessive nécessaire à 12⁰ Baumé, par exemple (soit 100 kilogrammes d'huile de lin, 110 kilogrammes de lessive à 12⁰ Baumé); on chauffe et on fait couler l'huile dans la lessive chaude (si on a un agitateur en chaudière, il est préférable au début de la combinaison de ne pas faire bouillir).

Lorsque l'émulsion formée au début commence à se relier, on force le feu de façon à amener le savon à l'ébullition. On rajoute alors petit à petit le complément de lessive à 20⁰

Baumé nécessaire, soit 65 kilogrammes pour 100 kilogrammes jusqu'à réaction faiblement alcaline.

Si on opère avec de l'acide oléique ou des acides gras autoclavés, on peut mettre du premier coup en chaudière la presque totalité de la lessive.

Le savon à ce moment est clair et filant; il faut par l'évaporation lui enlever une partie de son eau, de façon à ce qu'il prenne de la consistance. Vers la fin de la cuisson il vient crever à la surface de la chaudière de grosses bulles, et il se forme des plaques chevauchant les unes sur les autres.

Le savon fini mis sur une plaque de verre doit rester transparent sans être trop coulant. S'il se trouble, il y a manque ou excès de lessive, ou encore excès de sel neutre.

La façon dont le savon s'écarte entre les doigts est aussi un indice : il faut qu'il se forme deux petits cônes.

C'est vers la fin de la cuisson que l'on ajoute un peu de CO_3K_2 en dissolution.

SAVONS MOUS AU CARBONATE DE POTASSE

. Lorsque l'on a affaire à des acides gras, acide oléique, acides gras de l'huile de lin, etc., on peut opérer ainsi par exemple.

100 kilogrammes d'acides gras de lin demandent environ $24^k,500$ CO^3K^2, si nous admettons que la composition de ces acides gras soit la suivante:

90 % d'acides gras ⎱
10 % huile neutre ⎰ moyenne d'autoclave.

On peut employer par exemple 1000 kilogrammes d'acides gras; il faudra donc 225 kilogrammes de carbonate de potasse $^{96}/_{98}$, ou 200 kilogrammes de carbonate de potasse et 25 kilogrammes de carbonate de soude pour saponifier les 900 kilogrammes d'acides gras, puis environ 100 de lessive à 28° pour saponifier les 100 kilogrammes de matière neutre.

On amène le carbonate en solution à environ 30° Baumé à chaud, et on y fait couler pendant l'ébullition les acides gras du lin. On va lentement, et lorsqu'après cuisson (on opère généralement à vapeur libre et sèche barbotant dans la masse) on ne voit plus de traces de bulles de CO^2, on termine la saponification avec la lessive caustique tenue en réserve ; on arrête lorsque la causticité sur la langue paraît suffisante.

Une prise d'essai sur un verre doit rester claire et limpide.

Le savon à l'acide oléique se fait de la même façon, la matière neutre y est seulement moins abondante.

Il est bon, lorsque le savon que l'on fabrique doit être soumis à des températures assez basses, d'en prendre une petite partie et de la soumettre dans une petite éprouvette à une température un peu inférieure par un mélange réfrigérant. On voit si le savon ne change pas.

Savon blanc ou jaune. — Se fait avec des huiles de lin, caméline, œillette, etc. Les huiles de lin à teinte jaune sont réservées pour faire le savon jaune ; si la coloration n'était pas suffisante, on ajouterait un peu de jaune d'aniline ou acide picrique.

	Acides gras	43,5
	Alcali combiné	8,5
Composition	— libre	0,4
	Eau et glycérine	45,0
	Sels	2,80
		100,00

Savon vert, dit aussi savon à l'huile. —
Les principales huiles employées sont l'huile de
chènevis ou chanvre, les huiles de poisson,
l'huile de lin de deuxième qualité, etc., l'acide
oléique, etc.

L'huile de chanvre donne une couleur verte
au savon; mais lorsqu'il n'y en a pas ou en proportion insuffisante, on colore par du carmin
indigo obtenu par dissolution de l'indigo pulvérisé
et desséché dans de l'acide sulfurique fumant.

Le jaune brun (couleur du savon) et le bleu
donnent une couleur verte.

Savon noir, dit savon à l'huile. — Se fabrique
avec des huiles de qualité inférieure, résidus
d'épuration, oléique de distillation, etc., résidu
d'épuration d'huile de coton, huile de coton
brute, etc., huiles de poissons. Si la couleur
obtenue n'était pas assez foncée pour le goût
du consommateur, on forcerait par un peu de
tanin et de sulfate de fer, par exemple.

Ces savons verts et noirs sont rarement purs,
comme le blanc et le jaune; on emploie (principalement dans le noir) toutes espèces d'ajoutes
pour en augmenter le rendement.

PUGET. Savons et bougies.   7

Résine. — On emploie souvent 10-15 % dans les savons verts, et 20 % et quelquefois plus dans les savons noirs.

Cette résine se traite comme de l'huile, en opérant d'après les principes indiqués pour les savons durs.

100 kilogrammes de résine demandent pour se saponifier 16ᵏ,800 de KOH.

Silicate. — On peut mettre de 10 à 20 % de silicate de soude dans les savons mous, suivant la saison. On le mélange avec un peu de lessive de potasse faible 10-12° Baumé; et lorsque le savon est fini, on l'introduit petit à petit par brassage, après l'avoir amené à la température du savon.

Quelquefois on l'introduit simplement vers la fin de l'empâtage.

Il est d'ailleurs prudent de ne pas introduire tout le silicate d'un seul coup, et de faire des essais sur une plaque de verre après chaque addition. Si on veut mettre davantage de silicate, on est obligé d'employer du silicate de potasse; mais celui-ci coûtant très cher, on n'a pas grand intérêt à cela.

Fécule et amidon. — Ces deux substances, étant capables d'absorber et de retenir beaucoup d'eau, sont très employées comme ajoutes dans les savons mous.

On peut ajouter 15-30 kilogrammes de fécule par 100 kilogrammes d'huile; on la délaye dans une solution faible et tiède de carbonate de potasse à 7 ou 8° Baumé.

On l'introduit dans le savon fini en brassant énergiquement; mais il ne faut pas que la température du savon dépasse 70° centigrades, car autrement la fécule se colorerait en brun. A plus forte raison ne faut-il jamais faire bouillir du savon contenant de la fécule.

Au contact de la lessive caustique l'amidon et la fécule se convertissent en ampois.

Il ne faut pas mettre trop de fécule, car le savon, une fois froid, prend l'apparence de la gélatine.

Pulpe de pommes de terre. — S'emploie dans les savons noirs, mais absorbe beaucoup moins d'eau que la fécule ou l'amidon.

Glucose. — Gélatine. — Mélasse. — S'introduisent aussi dans les savons mous à l'état de dissolution, d'après les mêmes principes.

Les sels KCl, SO^4K^2, CO^3K^2 s'introduisent en solution faible si on veut allonger la pâte, ou en solution concentrée si on veut resserrer la pâte; il en est de même d'ailleurs pour la lessive caustique, ajoutée dans la pâte.

On emploie aussi quelquefois un peu de NaCl et d'alun.

Savon granulé.—Très employé en Allemagne. Il faut des lessives contenant très peu de soude; on ajoute de l'huile de palme et du suif.

    { 100 palme
    { 100 oléique

    { 10 suif
    { 90 huile de chanvre

    { 30 suif
    { 70 huile de lin

Il faut que le savon refroidisse à une température constante de 8 à 15° centigrades. Le savon, étant froid, présente au milieu de la masse transparente une série de cristallisations de stéarate et de palmitate de potasse.

Savon argenté. — On saponifie 50 % d'huile de palme blanche et 50 % d'oléique par une lessive de potasse contenant 40 % de soude. Le savon, peu transparent, a une surface d'un brillant argenté.

Les rendements de 100 kilogrammes de matière grasse en savon mou varient de 200 à 500 kilogrammes suivant les ajoutes.

____

CHAPITRE VI

SAVONS DE TOILETTE

La fabrication de la pâte de savon de toilette demande des matières premières très pures. Celles qui ont un peu de couleur peuvent être acceptées, si le savon doit être coloré ; mais il faut proscrire absolument celles qui ont de l'odeur, qui ressort toujours malgré les parfums que l'on peut ajouter.

I. — Matières premières.

Les matières premières employées sont le saindoux ou axonge, le suif, l'huile de palme décolorée, les huiles de coco, coprah, palmiste, etc.

Ces trois dernières huiles ne doivent pas dépasser 50 % des premières en général.

Comme lessives on emploie des lessives de soude caustique (carbonate Solvay), mélangées quelquefois d'un peu de potasse.

Les différents modes d'obtention sont les suivants.

1º Savon levé sur lessive. — C'est absolument le procédé employé plus haut (savons durs); comme on veut avoir un savon très pur, on lui donne souvent un ou deux lavages à l'eau salée avant de passer à la cuisson.

La liquidation doit être parfaitement faite, pour qu'il ne reste aucune trace d'alcali dans le savon.

L'addition d'un peu de coco, coprah, donne des savons plus mousseux.

Le savon ainsi fabriqué est le meilleur pour savon de toilette.

2º Refonte. — Dans les petites usines on fabrique souvent la pâte de savon de toilette en refondant du savon blanc de bonne qualité (levé sur lessives) dans de l'eau.

On se sert généralement de chaudières à double fond, et l'on met d'eau juste ce qu'il faut pour avoir une pâte de consistance durable.

3º Savons à chaud. — Ces savons obtenus à l'ébullition sont peu employés, car il est préférable, quand on le peut, de prendre du savon levé sur lessive. Il faut en tout cas un dosage de lessive aussi exact que possible, et ajouter un peu de carbonate de potasse qui vient donner du liant et de la souplesse à la pâte.

4º Saponification à froid. — Procédé et appareils indiqués plus haut. On ajoute un peu de carbonate de potasse et on emploie des lessives aussi pures que possible. Ce procédé est bien plus employé que le précédent, car il est beaucoup plus simple à faire si on dispose des appareils mécaniques déjà indiqués; de plus, la température à laquelle le savon se coagule étant beaucoup plus basse que celle de tous les autres savons, on peut lui faire absorber des parfums qui seraient détruits ou du moins fortement dénaturés par une température un peu plus élevée.

II. — Parfums.

La plupart des parfums se présentent à l'état d'huiles essentielles que l'on doit étendre d'alcool avant de les ajouter au savon; quelques-uns sont solides, ambre, musc, benjoin, racine d'iris, etc. [1]. Il faut alors les pulvériser d'une façon aussi complète que possible.

La fraude des parfums est assez fréquente; c'est en général l'odorat qui donne les meilleures indications, car l'analyse chimique est très délicate.

Il vaut mieux s'adresser aux grandes maisons donnant des produits de qualité reconnue, mais plus chers, car on y a néanmoins avantage, eu égard au résultat obtenu dans les savons.

Essence d'amandes amères. — S'obtient par distillation des tourteaux d'amandes amères traités par l'eau. Le produit correspondant bon marché, mais d'odeur moins fine, qui la remplace dans les savons bon marché est la nitro-benzine ou essence de mirbane. En tout cas, il faut

[1] Voy. S. PIESSE, *Chimie des parfums.*

choisir cette dernière presque incolore, c'est la meilleure.

L'essence d'amandes amères bout. à 180°, et celle de mirbane à 213°. C'est un moyen de reconnaître le mélange.

L'essence de mirbane s'emploie souvent même dans les savons de ménage.

Racine d'iris. — Les racines d'iris ou l'essence d'iris se remplacent souvent par l'iraldéine, produit chimique dont l'odeur ressemble beaucoup.

Les essences les plus connues sont l'essence de roses (presque toujours remplacée par l'essence de géranium, à cause de son prix trop élevé); fleur d'oranger ou de néroli, écorces d'orange, citron, lavande, bergamote, menthe, muscade, patchouli, essence de vanille (celle naturelle et celle artificielle ou vanilline, etc.), musc, civette, cannelle, etc., réséda, romarin.

Pour extraire le parfum des matières solides, le mieux est de les mettre à tremper dans l'alcool[1].

---

[1] Voir S. PIESSE, *Chimie des parfums et fabrication des essences*, édition française, Paris, 1903.

III. — Matières colorantes.

Elles se divisent en deux classes : les matières solubles et les matières insolubles. Les premières sont préférables toutes les fois que l'on peut s'en servir, car elles se mélangent beaucoup plus facilement au savon.

Beaucoup de matières colorantes ne sont pas employables ici, à cause de la présence des alcalis qui les attaquent soit de suite, soit au bout d'un certain temps.

Dans la nomenclature suivante, les couleurs de chaque espèce sont rangées par ordre de qualité.

Rouge. — Cochenille, rouge d'aniline, cinabre, colcotar ou rouge d'Angleterre, etc.

Jaune. — Extrait de curcuma, safran (alcool), chromate de plomb, de cadmium, acide picrique, jaune d'aniline, etc.

Bleu. — Carmin d'indigo, bleu d'aniline, bleu d'outremer.

Brun. — Caramel.

Noir. — De fumée, d'ivoire.

Vert. — Vert aniline ou carmin d'indigo et acide picrique mélangés.

Violet. — Mélange de bleu et de rouge.

La coloration des savons doit en général correspondre au parfum. Ainsi les savons parfumés à l'essence de violette seront violets; à l'essence de citron, jaunes; à l'essence de rose, roses, etc.

IV. — Mélange du parfum et de la couleur au savon.

A première vue le procédé le meilleur paraît devoir être celui qui consiste à mélanger le parfum et la couleur au savon encore liquide; mais à cela plusieurs inconvénients. Les savons levés sur lessive, de saponification à chaud ou même de refonte, sont encore à une température assez élevée au moment où ils se solidifient; or cette température est trop élevée pour la plupart des essences, qui s'altèrent à cette température. De plus, la pâte étant assez épaisse, le mélange des couleurs, surtout si ces couleurs ne sont pas solubles, ne se fait pas toujours très bien et il reste des veines dans le savon.

Les savons à froid permettent, comme nous l'avons déjà dit, d'employer des odeurs beaucoup plus fines.

Si on a mis la couleur et le parfum de la façon que nous venons dire, il n'y a plus ensuite qu'à découper les blocs et frapper les morceaux après un étuvage plus ou moins prolongé.

On peut donner une espèce de marbrure artificielle aux savons de toilette, soit en mélangeant inégalement deux savons de colorations différentes, soit en répartissant inégalement la couleur dans un savon.

FORMULES DE SAVONS

(a) Savons fabriqués à chaud.

Savon aux amandes.

Savon de coco	50 kilogrammes.
Savon de palme	50 —
Savon de suif	50 —
Nitro-benzine	140 grammes.
Bergamote	80 —

Coloration généralement blanche.

(b) Savons par refonte. — La température de solidification étant un peu plus basse que celle des précédents, on peut employer des parfums un peu plus fins.

Savon au citron.

Savon	100 kilogrammes.
Bergamote	200 à 300 grammes.
Citron	700 à 900 —

On ajoute aussi quelquefois un peu, 60 à 70 grammes, de patchouli, de verveine, etc.

Savon au musc.

Savon	100 kilogrammes.
Teinture de musc	150 à 400 grammes.
Bergamote	150 à 300 —
Citron	30 à 50 —
Teinture ambre	70 à 100 —

On ajoute souvent 60 à 100 grammes d'une ou plusieurs des essences suivantes :

Vanille, portugal, etc.
Coloration en brun.

Savon au miel.

Savon	100 kilogrammes.
Miel	1 —

Amidon 10 kilogrammes délayé avec un peu de lessive de soude (on le remplace quelquefois par du blanc de baleine).

Ambre (extrait)	300 grammes.
Lavande	100 —
Musc	50 —

Quelquefois un peu de cannelle, girofle ou de bergamote, vanille 50 à 80 grammes.

Savon à la violette.

Savon   100 kilogrammes.
Racine de violette pulvérisée 800 grammes à 1 kilogramme.

Savon au bouquet ou aux mille fleurs.

Savon	100	kilogrammes.
Bergamote	200	grammes.
Citron	30	—
Lavande	30	—
Patchouli	30	—
Géranium rose	40	— etc.

Coloration généralement rose.

(c) Savons à froid.

Savon aux amandes amères.

huile ou beurre de coco	40	kilogrammes.
Saindoux	60	—
Lessive à 30° Baumé	5	—

On emploie 600 grammes d'essences d'amandes amères dans les savons de première qualité et 500 grammes d'essence de mirbane dans les savons plus communs. On met en plus dans les deux cas 300 à 500 grammes de bergamote.

Savon de guimauve.

Huile de coco	35	kilogrammes.
Suif	35	—
Palme	30	—
Lessive 39° Baumé	50	—

Essence de lavande	1 000 grammes.	
— de néroli	100 à 200	—
Verveine	100	—
Citron	150	—
Menthe	30	— etc.

On fabrique des qualités un peu moins fines de ce savon en mettant moins d'essence de lavande, un peu de girofle, cannelle, romarin, etc.

Savon aux mille fleurs.

Coco	30 kilogrammes.		
Suif	45	—	
Olive	25	—	
Lessive	50	—	à 39° Baumé.
Bergamote		320 à 350 grammes.	
Lavande		270 à 230	—
Néroli		80 à 90	—
Thym		70	—
Héliotrope		100	—
Citron		100	—

On fait aussi entrer comme autres parfums, dans le savon aux mille fleurs, les essences de cassia, clous de girofle, cannelle, jasmin, réséda, rose, etc. Coloré en rose.

Savon blanc de Windsor.

Coco	50 kilogrammes.		
Suif	50	—	
Lessive	50	—	à 39° Baumé.
Citron		50 grammes.	
Fenouil		100	—

Lavande	350 grammes.
Thym	100 —
Cumin	100 —

Savon blanc.

Savon de Windsor (brun).

(Huile de coco	50 kilogrammes.	
) Huile de palme	40	—
) Suif	10	—
(Lessive	50	— à 39° Baumé.

Esssence de cassia	200 grammes.
— lavande	160 —
— cumin	100 —
— carvi	100 —
Portugal ou fenouil	80 —

Coloration en brun.

Savon à la violette.

(Huile de coco	40 kilogrammes.	
) Suif	40	—
) Huile de palme	20	—
(Lessive	50	— à 39° Baumé.

Racine violette pulvérisée	1500 grammes.
Sassafras	400 —
Musc	100 —
Bergamote	150 —
Citron	400 —

Coloration en violet.

Savon mosaïque (Allemagne). — On incorpore de petits morceaux de savon colorés dans une pâte blanche au moment où elle va se solidifier. Il faut à peu près moitié de chaque. On utilise les rognures de savon de toilette.

Savon de lait. — Ce savon a pris une assez grande importance en Allemagne, à cause de ses grandes qualités; il exerce en effet sur la peau une action extrêmement adoucissante.

On se sert généralement de petit lait (lait dont on a enlevé la crème), qui est concentré dans le vide au $1/5$ de son volume.

Composition du savon. $\begin{cases} \text{45 de suif.} \\ \text{25 huile de coco.} \end{cases}$

On chauffe la matière grasse à 80°, puis on ajoute :

$\begin{cases} \text{80 kilogrammes lessive 36° Baumé.} \\ \text{1 \quad — \quad potasse caustique 35° Baumé.} \end{cases}$

On laisse le savon s'empâter et se refroidir à 60° centigrades; on ajoute alors le lait 25 à 50 °/₀ et on coule dans des petites mises de 30 à 40 kilogrammes pour qu'on ait un refroidissement rapide. Cela est nécessaire si l'on veut que le savon ait une belle couleur claire qu'il n'aurait pas autrement. On le traite ensuite comme les savons de toilette ordinaire.

Savons de toilette à froid au silicate de soude. (Savons bon marché.)

On peut fabriquer de ces savons pourvu qu'on

leur communique des propriétés adoucissantes,
par exemple au moyen de glycérine.

Huile de coco	80	kilogrammes.
Glycérine	12	—
Soude caustique 38° Baumé	43	—
⎧ Silicate de soude	80	—
⎨ Soude caustique 38° Baumé	13	—
⎩ Solution carbonate potasse 30° Baumé	4	—

On commence par empâter l'huile avec la
lessive à la manière ordinaire. Puis quand l'empâtage est bien fait, on ajoute le mélange des
trois dernières substances de glycérine. La glycérine est ajoutée avant la lessive.

Savon à la vaseline.

Suif	45	kilogrammes.
Huile de coco	5	—
Soude caustique 36° Baumé	26	—
Eau	100	—

On ajoute ensuite, une fois le savon fabriqué
à la manière ordinaire, 9 à 12 % de vaseline
liquéfiée.

V. — Savons de toilette de qualité supérieure.

Dans toutes les usines bien installées où l'on veut avoir de beaux produits ayant une pâte très fine, une couleur admirablement mélangée, et enfin des odeurs non altérées par la chaleur, on pratique un travail mécanique des pâtes de savon.

On peut ainsi se servir, comme nous le verrons, de savon levé sur lessives pour tous les savons, ce qui est bien préférable. On travaille aussi mécaniquement les pâtes de savon, l'empâtage à chaud et même les pâtes à froid.

En dehors des avantages que nous venons d'indiquer, les pâtes de savon travaillées se moulent beaucoup mieux.

1º Blocs. — Le savon fabriqué est coulé en blocs que l'on découpe en barres, soit à la main ou au moyen de machines. On peut fabriquer un type unique de pâte pour tous les savons de toilette, ou bien fabriquer différents savons que l'on mélange en proportions voulues pendant le travail mécanique.

(Machines à découper déjà vues.)

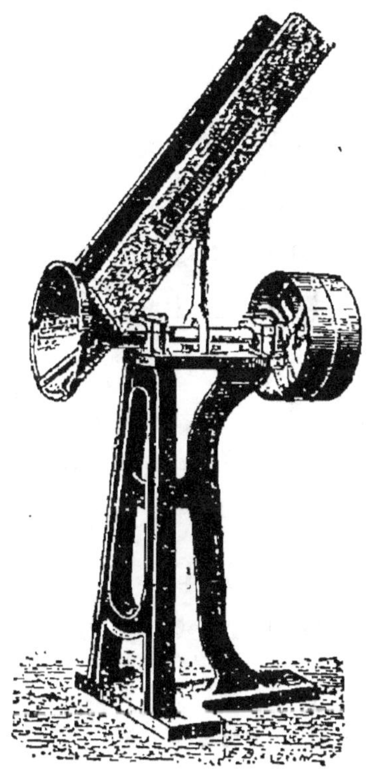

Fig. 45. — Couteau conique (Vve Lambert et fils).

2° Découpage. — Les barres sont ensuite découpées en copeaux ausssi réguliers que possible, au moyen d'un couteau conique (fig. 45). Le cône porte des lames droites et des lames dentelées et tourne avec une grande vitesse.

Les copeaux ont à peu près l'épaisseur d'une feuille de papier à lettre.

Si on a fabriqué différentes espèces de savon, on mélange les copeaux entre eux avant de les passer aux opérations suivantes.

3º Broyage préliminaire. — Le savon en copeaux passe ensuite dans une broyeuse à cylindres, où il subit un ou deux broyages suivant le nombre de cylindres (Voir plus loin différents types de broyeuses).

4º Étuvage. — Le savon en lamelles passe ensuite dans une étuve où il se déverse sur des toiles sans fin (fig. 46). De la première il tombe sur la seconde, et ainsi de suite jusqu'à la dernière, la plus basse.

La dessiccation voulue est atteinte au moyen de l'air chaud (provenant des tuyaux à ailettes placés à la base). Cet air entre par le bas de l'appareil, puis s'échappe, attiré par le ventilateur, par le haut de l'appareil.

On peut dessécher les copeaux de savon directement à leur sortie du rabot, soit dans des étuves analogues à celles indiquées ici, soit dans des

Fig. 46. — Séchoir automatique continu (Savy, Jeanjean et Cie).

étuves ordinaires, où on les transporte à la main sur des clayons.

Quelquefois, pour les savons de toilette un peu inférieurs, on ne fait pas subir cette dessic-

Fig. 47. — Hachoir (Savy, Jeanjean).

cation préalable et on passe directement aux opérations suivantes.

5° Broyage. — Le broyage du savon, qui peut avoir été ébauché avant le passage au séchoir, a pour but de mélanger intimement la couleur et le parfum au savon et d'assouplir la pâte.

Avant de passer aux broyeuses et pour activer

le travail de celles-ci, on passe souvent dans des hachoirs mélangeurs (fig. 47); dans ce cas, c'est là que l'on ajoute la couleur et le parfum.

Fig. 48. — Broyeuse à trois cylindres en granit (Vve Lambert et fils).

La cuve tournante est montée sur une cuvette à billes.

Les broyeuses (fig. 48) sont constituées par des cylindres en granit horizontaux.

Le cylindre du milieu tourne toujours à la même place. Les paliers des deux autres cylindres sont mobiles horizontalement. On peut

Fig. 49. — Broyeuse à trois cylindres en granit sur bâtis inclinés accouplés (Savy, Jeanjean).

donner ainsi l'écartement que l'on veut entre les cylindres.

Les trois cylindres ne tournent pas non plus avec la même vitesse, pour avoir un entraînement par les plus rapides.

Le savon est laminé en couche mince entre les deux premiers cylindres et passe ensuite, car il est entraîné par le cylindre du milieu, entre le premier et le second. Une raclette le détache.

On broie jusqu'à ce que la pâte soit parfaitement homogène et que la couleur soit très bien mélangée.

Si on ne s'est pas servi du hachoir sus-indiqué, la couleur et le parfum sont mélangés au savon dans la trémie de chargement.

Chaque passage entre les trois cylindres porte le nom de passe.

Il y a d'autres formes de broyeuses (fig. 49) :

La première broyeuse déverse ainsi automatiquement sur la seconde; on supprime deux manipulations pour les quatre passes nécessaires.

On utilise aussi des broyeuses à quatre cylindres.

6° Pelotage et boudinage. — La pâte de savon broyée doit ensuite être amenée sous une forme qui lui permette d'être mise en morceaux et frappée.

On se sert pour cela de peloteuses boudineuses. Le principe de tous ces appareils est le même.

Le savon est amené dans une vis d'Archimède

à pas décroissant placée dans une chambre conique, le savon est comprimé et sort sous la
forme de boudins par une ouverture de forme
quelconque.

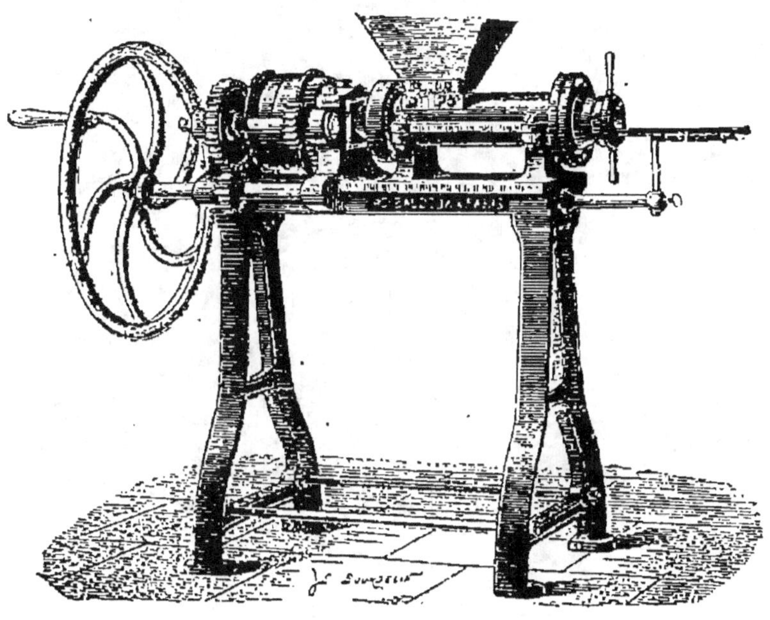

Fig. 50. — Peloteuse à vis d'Archimède (Vve Lambert et fils).

Tous les appareils un peu importants sont
mus au moteur (fig. 51).

Cet appareil porte un alimentateur automatique à palettes, animé d'un mouvement rotatif
avec va-et-vient, qui alimente la vis hélicoïdale
d'une façon continue, évitant ainsi l'introduction
des bulles d'air dans la pâte boudinée.

Une large chambre à circulation d'eau froide évite tout échauffement du cylindre. Le porte-

Fig. 51. — Boudineuse peloteuse (Savy, Jeanjean).

filières peut être chauffé, soit à la vapeur, soit au moyen d'un appareil à gaz.

Quelquefois les broyeuses sont accouplées avec la peloteuse boudineuse (fig. 52), ce qui économise de la main-d'œuvre et de l'emplacement.

Le boudin qui sort de ces appareils a un aspect lisse et brillant.

Fig. 52. — Broyeuse et peloteuse accouplées (Savy, Jeanjean).

Il est découpé en morceaux soit au moyen d'appareils à main (fig. 53).

Soit, ce qui est préférable, au moyen d'appa-

reils attenant à l'embouchure de la boudineuse
(fig. 54).

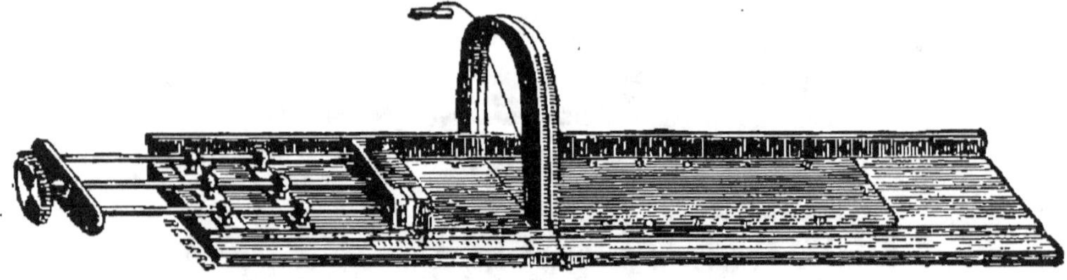

Fig. 53. — Découpoir à boudin (Savy, Jeanjean).

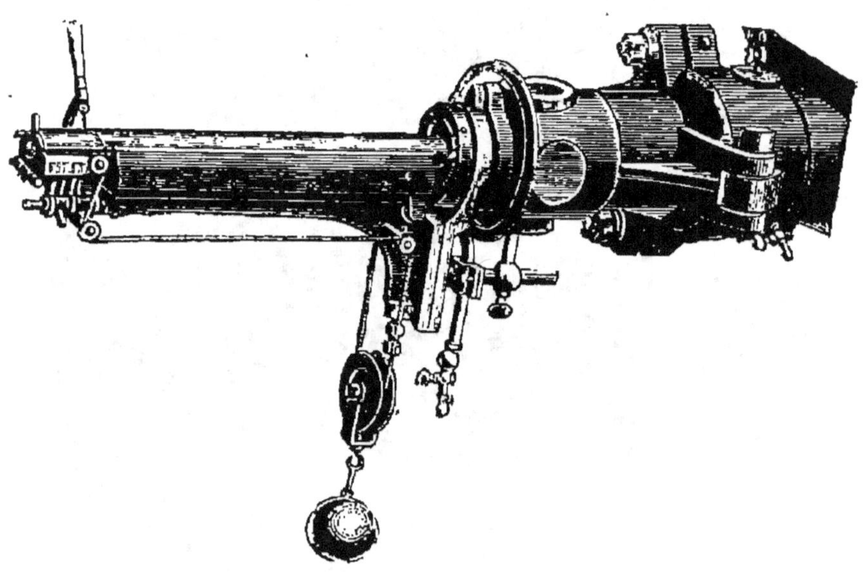

Fig. 54. — Découpoir à boudin pour coupes droites
(Savy, Jeanjean).

L'appareil se compose d'un support vertical
se fixant en bout de l'embouchure, à la place de

la filière, laquelle vient se fixer sur ce support;

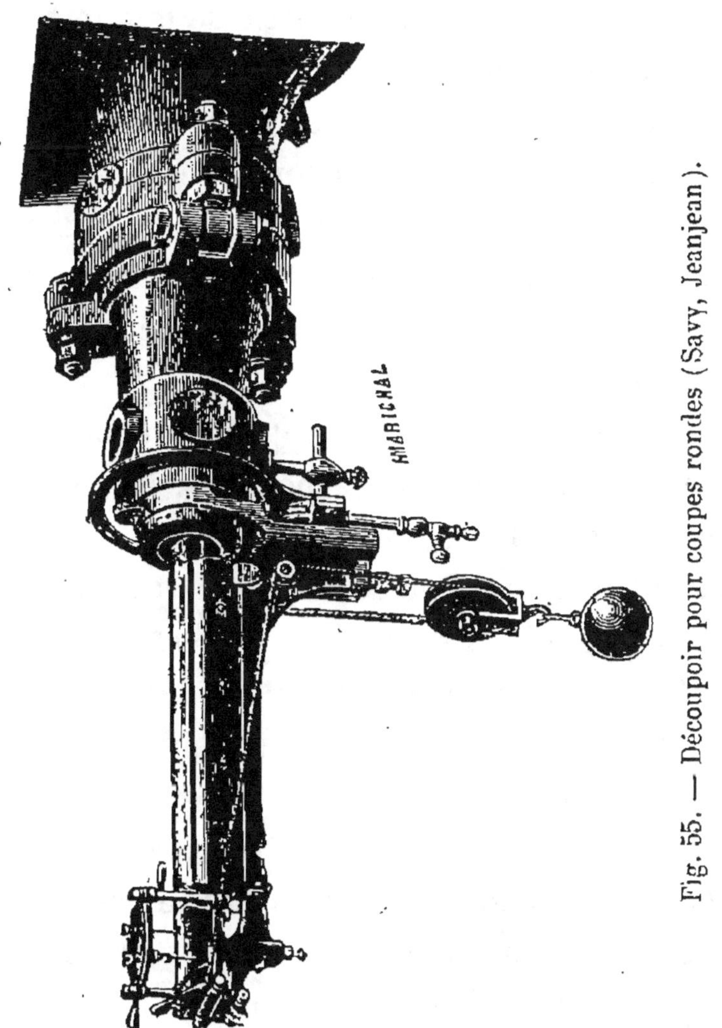

Fig. 55. — Découpoir pour coupes rondes (Savy, Jeanjean).

d'un guide horizontal portant le chariot mobile
et de la partie extrême portant le fil coupeur,

qui a toujours tendance à se rapprocher de l'embouchure par l'effet du contrepoids.

Le boudin de savon au sortir de la filière s'engage sur le chariot, où il glisse jusqu'à ce que son extrémité vienne rencontrer la butée d'avant. A ce moment, la poussée du boudin contre-balance l'effet du contrepoids et fait avancer le chariot.

L'ouvrier fait décrire au fil coupeur un quart de cercle, et le boudin se trouve sectionné à la longueur voulue.

La butée à charnière étant rabattue horizontalement au moyen de sa poignée, les pains se présentent à la main de l'ouvrier, puis elle reprend aussitôt sa position primitive; par l'effet du contrepoids, l'extrémité du boudin vient à nouveau rencontrer cette butée, le fil coupeur agit en sens inverse et l'opération se continue sans interruption.

On peut couper deux ou trois pains successivement ou pain par pain à mesure de l'avancement du boudin. On fait aussi des appareils pour coupes rondes (fig. 55).

Par un simple quart de tour de l'appareil monté sur pivot les deux extrémités du boudin se trouvent ovalisées.

Fig. 56. — Presse à col de cygne (Savy, Jeanjean).

7° Étuvage. — Les boudins de savon sont souvent, surtout si la forme du morceau doit être assez compliquée, passés dans une première presse qui les dégrossit. On les étuve ensuite à une température de 30 à 40° centigrades, de façon à les ramollir un peu et leur permettre de mieux s'estamper. Si les savons n'avaient pas subi de dessiccation préalable en copeaux, il faudrait les étuver bien plus longtemps pour leur enlever l'excès d'eau qu'ils peuvent avoir.

8° Frappage du savon. — Nous avons donné déjà, à propos du savon de ménage, un certain nombre de modèles de presses qui sont aussi employées dans l'estampage des savons de toilette. Nous en citerons encore quelques-unes. — Presse à col de cygne (fig. 56).

Sa forme spéciale a l'avantage de dégager complètement les côtés, et par suite de rendre plus facile le montage des moules et le frappage du savon. On peut frapper des barres entières.

La presse suivante est une presse rapide (fig. 57).

C'est par le mouvement de la pédale que l'ouvrier fait remonter le contrepoids, qui par sa chute viendra estamper le savon.

Installation spéciale. — On construit aussi des appareils (Savy, Jeanjean, par exemple) qui

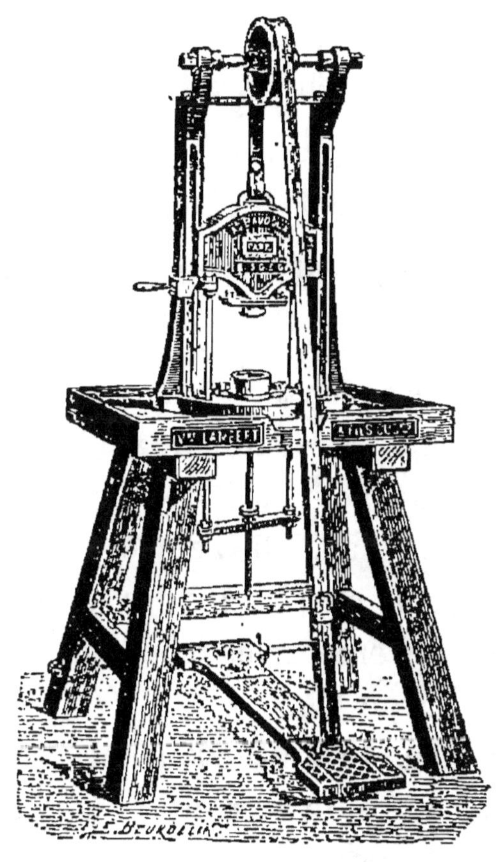

Fig. 57. — Presse rapide (Vve Lambert et fils).

évitent de couler le savon en mises. Le savon liquide est amené sur une courroie métallique qui tourne sur un tambour refroidisseur à cir-culation d'eau. Le savon se coagule en couche mince, qu'une raclette détache de façon à ce qu'il tombe dans la broyeuse située au-dessus du séchoir déjà indiqué.

Le savon ainsi traité n'a pas tout à fait le même aspect que celui traité par le procédé ordinaire.

VI. — Savons de toilette spéciaux.

Savons transparents. — Les savons transparents bien faits ressemblent à du verre. Le meilleur procédé pour les obtenir est de dissoudre du savon dans de l'alcool; mais il faut que le savon soit aussi anhydre que possible. On dessèche fortement les copeaux ou mieux la poudre de savon.

On fait un peu cuire avec l'alcool; le récipient est fermé et relié à un serpentin où se condense l'alcool, qui s'évapore.

Pour pouvoir dissoudre dans le minimum d'alcool à 80⁰ possible, il y a souvent un malaxeur mécanique.

On coule dans des moules lorsque la pâte a une consistance suffisante.

Les pains obtenus ont une apparence terne; on leur donne du brillant en les trempant dans de l'alcool concentré et en les frottant avec une flanelle.

Savon transparent à la glycérine. — On peut opérer comme précédemment en ajoutant de la glycérine concentrée dans la chaudière; on a un savon très brillant et très transparent.

Savon transparent à la glycérine par saponification. — On saponifie avec une lessive de soude très concentrée et à froid un mélange de suif 40 %, 25 % d'huile de coco et 35 % de saindoux; on peut remplacer le saindoux par de l'huile de ricin. On ajoute environ 8 à 10 % de glycérine épaisse où l'on a dissous le parfum et la couleur.

On ajoute aussi souvent un peu de sucre cristallisé en dissolution concentrée et quelquefois un peu d'alcool.

Dans certains cas, on supprime même la glycérine et l'on met simplement du sucre cristallisé, environ 15 %, et de l'alcool, environ 30 %.

Dans tous les cas il est bon de laisser un peu reposer la pâte avant de la couler en mises, pour que toutes les impuretés tombent au fond de la chaudière.

Il est aussi bon, principalement dans les savons obtenus par dissolution alcoolique qui sont très durs et peu solubles étant fortement déshydratés, d'ajouter un peu de potasse dans les lessives de fabrication. Un mélange de savon dur et de savon mou donne un savon d'un usage plus agréable.

On fabrique des savons mous transparents par dissolution dans l'alcool d'un savon mou ordinaire aussi déshydraté que possible.

Savons mousseux ou légers. — Leur état particulier est dû à l'introduction dans la pâte de nombreuses bulles d'air. Pour cela, on bat le savon liquide comme en cuisine on bat les œufs à la neige; lorsque tout le savon a été transformé en mousse épaisse, on coule ce savon dans des petits moules plats où il se solidifie rapidement.

Ce savon peut être parfumé à volonté; il se dissout dans l'eau avec la plus grande facilité.

Ce savon se racornit beaucoup à la longue, aussi l'enveloppe-t-on de substances protectrices, *v. g.* papier d'étain. Ces savons sont souvent employés comme savons pour la barbe.

Savons à barbe. — En dehors des savons précédents, qui doivent être faits avec beaucoup d'huile de coco, car ils moussent mieux, on emploie aussi des savons en pâte obtenus à froid.

Savons à barbe.

(à froid).

(1)

Suif	78	kilogrammes.
Huile de coco	18	—
Potasse caustique 30° Baumé	32	—
Soude caustique 38° Baumé	26	—
Bergamote	100	grammes.
Essence de citron	50	—

(2)

Suif	100	kilogrammes.
Saindoux	30	—
Résine	10	—
Huile de coco	30	—
Potasse caustique 37° Baumé	42	—
Soude caustique 37° Baumé	60	—
Parfum	200	grammes.

Par dissolution dans l'eau d'un savon moitié soude et moitié potasse, que l'on triture ensuite à la machine ou dans un mortier, on a une espèce de savon en pâte. Il a une belle apparence nacrée. On fait aussi du savon liquide en dissolvant du savon dans cinq fois son poids environ d'un mélange d'eau et d'alcool, ou d'alcool seul.

Les produits qui servent à raser peuvent avoir un petit excès d'alcali libre (potasse), qui favorise le rasage.

Enfin on emploie encore la

Poudre de savon. — Il faut parfaitement dessécher le savon; l'étuve dont nous avons parlé sert parfaitement bien à cet usage.

Les cylindres de broyage doivent être très rapprochés les uns des autres; on obtient ainsi des lames plus fines se desséchant mieux.

Le savon est ensuite réduit en poudre, généralement au moyen de pilons.

Ces pilons ont un mouvement de rotation sur leur axe, on évite ainsi l'échauffement de la matière pilonnée.

La poudre de savon est ensuite tamisée et parfumée.

Ces pilons servent aussi à réduire en poudre toutes les matières employées en savonnerie, couleurs, racines colorantes, etc.

Fig. 58. — Pilerie double (Savy, Jeanjean).

Boules de savon. — Les boules de savon

peuvent se faire avec n'importe quel savon, mais
il faut un savon de bonne qualité pour que les
copeaux pendant le découpage s'enlèvent facilement. On se sert d'appareils spéciaux (fig. 59).

Fig. 59. — Découpoir pour boules (Savy, Jeanjean).

Le savon introduit en barres à l'une des extrémités de l'appareil est transformé en boule en
un seul tour de manivelle, par l'effet d'une
lamelle d'acier demi circulaire.

On mélange souvent un peu d'amidon (empois)
aux boules de savon.

VII. — Emballage des savons de toilette.

C'est une question très importante pour les savons de toilette, qui sont un article de luxe. Il faut employer à l'intérieur un emballage en papier très résistant (par exemple en papier d'étain), qui protège le savon contre la dessiccation et empêche en même temps le parfum de s'évaporer. Les savons à la glycérine, spécialement, demandent que le papier soit très résistant.

Pour le papier extérieur, la fantaisie a libre cours pour la couleur, les dessins, le mode de pliage, etc. C'est souvent au bon goût d'un fabricant dans l'emballage de ses produits qu'est due leur vogue.

Enfin les boîtes qui renferment ces savons sont faites en toutes espèces de matière, bois, carton; celles-ci imprimées, peintes, recouvertes de riches étoffes, etc.

Le prix des savons de toilette est extrêmement variable, jusqu'à 1 et 2 francs le pain; le prix de l'emballage dépasse souvent le prix du savon lui-même.

Il ne faut pas mettre dans une même boîte des savons parfumés de différentes façons, car les odeurs se mélangeraient.

Pour les savons très fins, on a essayé de les enrober dans une couche très mince et transparente de matière qui les protège (gélatine, etc.). Ce procédé donne de bons résultats dans certains cas.

—————

CHAPITRE VII

SAVONS INDUSTRIELS, MÉDICINAUX, VÉTÉRINAIRES, ETC.

I. — Savons industriels.

Dans l'industrie on emploie beaucoup de savons, lavage des laines, décreusage de la soie, foulage des draps, fabrication des ficelles, cordes, etc., travail des fibres textiles (jute, etc.).

Pour les premiers usages indiqués les savons blancs liquidés sont tout indiqués, car ils ne contiennent pas d'alcali libre qui détériore plus ou moins les tissus. Les savons mous de bonne qualité sont aussi très employés, la potasse donnant plus de souplesse aux fibres des tissus que la soude.

Pour le décreusage de la soie on préfère certains savons parmi ceux liquidés, comme remplissant mieux le but que l'on se propose.

La soie est composée de deux parties principales, une partie extérieure appelée quelquefois grès, et une partie intérieure (fibroïne) qui constitue la partie principale de la soie.

$$\begin{cases} 75\ \%\ \text{fibroïne.} \\ 25\ \%\ \text{de grès environ.} \end{cases}$$

Pour obtenir de très belles soies teintes, il faut enlever à la soie cette couche extérieure de grès.

Pour cela on fait bouillir la soie avec une dissolution étendue de savon. Dans la région lyonnaise, qui est en France le grand centre de traitement des soies, on emploie beaucoup de savon liquidé à l'huile d'olive ou encore de savon liquidé *d'huile de pulpes d'olive*.

Ce savon a une couleur plus ou moins verte, suivant la nature des huiles dont il provient. On emploie aussi pour sa fabrication des huiles de ressence, quand on en a.

On procède à la manière ordinaire par empâtage, cuisson, liquidation. L'huile de pulpes, étant toujours un peu rance, se saponifie facilement, même avec des lessives un peu fortes.

Le point de liquidation est moins bas que celui du liquidé pur.

Ce savon ne doit pas contenir d'alcali libre, qui rendrait la soie moins brillante.

Dans la filature du lin et chanvre (cordes, ficelles, etc.), on utilise beaucoup un savon blanc mou à base d'huile de coco, fabriqué avec 50 % d'huile de coco et 50 % de suif.

On se sert, dans sa fabrication, d'une lessive contenant, pour 100 parties environ, 30 parties de lessive de soude et 70 % parties de lessive de potasse. On obtient ainsi un savon très blanc, ni dur ni mou.

Foulonnage de la laine. — Le foulonnage des étoffes de laine est une opération qui consiste à travailler l'étoffe de façon à ce qu'ensuite la chaîne et la trame ne paraissent plus et que l'étoffe ressemble à du feutre.

Une des propriétés que doit posséder le savon destiné au foulonnage des étoffes de laine est que sa solution à 50 % dans l'eau ait de la consistance et forme une pâte un peu épaisse.

Ce genre de savon s'obtient généralement avec des matières grasses ayant un point de fusion assez élevé avec peu de matières liquides : oléine, huile de pulpe au sulfure, etc.

Ici un petit excès d'alcali ne nuit pas.

Voici quelques formules pour ces savons (savon levé sur lessive à la méthode ordinaire).

(1) 1 000 kilogrammes de graisse d'os.
     1 000   —   de suif.
       180   —   de pulpe au sulfure.

(2) 1 000 kilogrammes suif.
    1 000   —   suif d'os.
    2 000   —   d'oléine.

Ces compositions donnent un très bon savon pour cet usage. On peut encore remplacer une partie du suif d'os par de l'huile de palme. On se sert aussi beaucoup de savon mou à base d'oléine.

HUILES TOURNANTES

(Savon ammoniacal des acides gras sulfo-conjugués.)

L'huile tournante généralement employée pour la teinture en rouge turc s'obtient en faisant arriver dans de l'huile de ricin froide 20 % de SO_4H_2 à 66° Baumé. Il faut l'envoyer très lentement, pour éviter l'élévation de température. Après quelques heures de contact on ajoute de l'eau, puis ensuite on décante cette eau qui a pris tout l'acide non combiné à l'huile. On lave encore une fois ou deux à l'eau froide.

La matière grasse acide est ensuite saturée par de l'ammoniaque ou de la soude (sulfo-ricinate d'ammoniaque, de soude, etc.). On peut opérer de la même façon avec les huiles d'olive, coton, etc.; mais ces huiles sont moins efficaces comme mordant sur coton.

En laissant tomber deux ou trois gouttes d'une telle huile dans un verre contenant de la soude caustique $1/_2$ Baumé, la goutte devient opaque; une huile ordinaire reste transparente.

On peut préparer de l'huile tournante en pressant des olives fermentées (procédé long et peu économique).

Parmi les usages industriels des savons mous, il y a l'emploi de ce dernier pour faire glisser sur leur plan incliné les navires que l'on met à l'eau; pour cet usage le savon mou est mélangé de suif.

Voici quelques formules de savons spéciaux.

Savon à détacher au fiel de bœuf. — Le fiel de bœuf tendant à se décomposer avec une grande rapidité, on l'additionne de 8 à 10 $^0/_0$

d'éther dans un récipient fermé. On peut fabriquer un savon à froid ordinaire à base de coprah et de suif, et lui mélanger par 100 kilogrammes 10 à 15 % de fiel de bœuf, ou faire la même opération sur du savon ordinaire fondu dans l'eau.

Souvent on met un peu moins de fiel, 7 à 8 %, et on ajoute % de savon 7 à 8 kilogrammes d'ammoniaque et 3 à 4 kilogrammes d'essence de térébenthine. Souvent aussi on ajoute un peu de bichromate de potasse.

On fabrique aussi un savon à détacher vert en mélangeant 7 à 8 % de vert de gris à 100 parties de savon fortement alcalin sans mettre de fiel de bœuf.

Savon dit au sable. — Ce savon, qui sert à nettoyer les éviers, les tables de cuisine, etc., se fabrique de la façon la plus simple, en ajoutant du sable blanc fin au moyen d'un malaxeur à du savon liquide. On peut, au lieu de sable blanc, employer de la poudre de grès, etc.

Encaustique. — Pour les parquets et les meubles, on emploie soit de la cire dissoute dans de l'essence de térébenthine, soit un mé-

lange de cire, de savon mou, d'un peu de carbonate de potasse et d'essence de térébenthine
(cette dernière composition est plutôt pour les
parquets).

Savons métalliques industriels. — Dans
l'industrie des vernis on emploie aussi des savons, mais à base *de cuivre, fer, de magnésie,* etc. Ces savons (combinaison des acides
gras avec les oxydes de fer, Cu, Mg, etc.) se
préparent par double décomposition en précipitant une dissolution de savon par du SO^4Cu,
SO^4Fe, $MgCl^2$, etc.

Les savons de fer de Cu et de Mg sont dissous
dans les huiles grasses (essence de térébenthine);
celui de Cu est aussi soluble dans l'éther de
pétrole, etc.

Ces produits constituent des vernis employés
par exemple dans le traitement des cuirs, etc.,
pour vernir les objets en plâtre, etc.

Savon hydrofuge. — On peut avoir un savon
qui rend les étoffes imperméables en précipitant
du savon ordinaire, mais incomplètement, par
une dissolution de sulfate d'alumine.

II. — Savons médicinaux et vétérinaires.

Parmi les plus employés en médecine et en pharmacie, on trouve :

Savon amygdalin.

Soude caustique liquide, $D = 1,33$ (36 Baumé), 1000 parties.
Huile amandes douces, 1000.

On met l'huile dans une capsule et on ajoute peu à peu, en agitant avec une spatule de verre la liqueur caustique jusqu'à ce qu'on ait obtenu un mélange exact.

On le laisse pendant quelques jours à une température de 18-20° centigrades en agitant de temps en temps.

Quand la masse a atteint la consistance d'une pâte molle, on la coule alors dans des moules généralement en faïence et on la laisse se solidifier entièrement.

Il faut un certain temps à l'air pour lui faire perdre toute trace de causticité.

Propriétés et aspect. — Ce savon est demi-dur, jaunâtre, d'un grain fin et uni, soluble dans l'eau et l'alcool. Saveur douce.

Il ne doit pas donner une teinte grise lorsqu'on le triture avec du calomel, ce qui indiquerait la présence d'alcali libre; de même celle-ci est décélée par la coloration jaune d'oxyde mercurique que prend une goutte de chlorure mercurique mise sur une tranche fraîche.

Emploi. — Le savon amygdalin est employé comme base de médicaments intérieurs. On en fait des pilules et des suppositoires, en outre il sert à lier la masse des pilules trop friables [1].

Savon animal.

Graisse de veau	500 grammes.	
Soude caustique liquide de densité 1,33	250	—
Eau distillée	1 000	—
Chlorure de sodium	100	—

Chauffer la graisse avec l'eau dans une capsule de porcelaine ou d'argent. Quand la matière grasse est fondue, on y mélange la lessive par parties, en agitant continuellement. On entretient la chaleur et l'agitation jusqu'à ce que la saponification soit complète.

On sépare alors le savon en ajoutant le sel marin et en brassant. On enlève le savon qui

[1] ANDOUARD, *Éléments de pharmacie,* 6e édition.

se rassemble à la surface, on l'égoutte, on le fond à une douce chaleur, enfin on le coule dans des moules où il se solidifie à nouveau par le refroidissement.

Propriétés, usages. — Le savon animal est dur et réservé aux usages externes (teintures, emplâtres, suppositoires, crayons, lavements, etc). ; il fait partie du baume opodeldoch, auquel il communique une consistance gélatineuse. Ce baume contient du camphre et un peu d'alcool, le tout parfumé.

Teinture de savon.

Savon amydalin sec	100
Alcool à 60°	500

On laisse en contact jusqu'à dissolution en agitant de temps en temps, puis ensuite on filtre.

Liniment savonneux.

Teinture de savon	50
Huile amandes douces	5
Alcool à 80°	45

On mêle par agitation.

En ajoutant du camphre ou de l'opium on a les liniments savonneux camphrés et les liniments savonneux opiacés.

Bain de savon. — On fait dissoudre 1 kilogramme de savon dans 3 kilogrammes d'eau, et on mêle à l'eau du bain.

Lavement de savon.

> Savon blanc   8,0
> Eau   500,0

Dissolution à chaud.

Savon à l'huile de croton. — Ce savon est quelquefois employé comme purgatif extrêmement violent. On saponifie l'huile de croton par une lessive de potasse très concentrée.

Savon à la résine de gayac. — Savon extrêmement astringent, préparé par saponification par la potasse de résine de gayac. On le fabrique aussi en ajoutant de la résine de gayac à du savon amygdalin; on cuit avec un peu d'alcool, on a une pâte épaisse que l'on met en pilules.

Savon au jalap. — Savon purgatif, se fait de la même façon que le précédent.

> 2 résine.
> 2 savon amygdalin.
> 3 parties alcool fort.

Savon de ricin. — On fait encore un autre savon purgatif en saponifiant de l'huile de ricin avec de la magnésie calcinée.

Stéarate de sodium. — Poudre blanche, onctueuse au toucher, soluble dans l'eau; sert à préparer les crayons à l'alcool, mélange de stéarate de glycérine et d'alcool.

Usité contre les affections parasitaires de la peau.

Oléate de sodium ou eunatrol. — Poudre blanche, soluble dans l'eau. Cholagogue efficace, dose 5 grammes.

SAVONS DÉSINFECTANTS

Bien que le savon soit par lui-même un bactéricide remarquable, même en solution diluée à $1/100$, on ajoute souvent au savon divers médicaments ou désinfectants, qui augmentent beaucoup ses propriétés purifiantes. Ces savons sont employés en médecine ordinaire ou aussi en médecine vétérinaire. Les spécialistes ont composé surtout pour le chien, le *savon sulfureux,* le *savon phénique.*

Baume antiarthritique de Sanchez.

(Alcoolé de savon animal éthéré).

Savon	30	grammes.
Camphre.	8	—
Essence lavande	125	—
Essence menthe.	15	gouttes.
— cannelle	15	—
— lavande.	15	—
— girofle.	15	—
— muscade.	15	—
— sassafras.	15	—
Ether acétique	30	grammes.

Savon au camphre. — On fait aussi un savon au camphre avec un mélange de savon, de camphre et d'essences amères. On broie le tout ensemble.

Savon ioduré. — Se fait en mélangeant du savon (12 parties) et une partie d'iodure de potassium. On emploie ces savons en solution dans l'eau pour la préparation des bains.

Savon mercuriel gris de Lieventhal. — Se fait avec du savon, du mercure, de la pommade mercurielle, de la potasse caustique (traces). On triture le tout ensemble. Il contient 33 % de mercure.

Savon au chlore. — On mélange dix parties de savon avec du chlorure de chaux (hypochlorite en poudre fine) et on moule. Lorsqu'on lave avec, le chlore se dégage et produit la désinfection. Ce savon est très employé pour se laver les mains après les dissections, les opérations vétérinaires, etc.

Savon au soufre ou thiosaprol. — Se fait suivant différentes recettes, soit en mélangeant du savon ordinaire avec de la fleur de soufre (poids égal), ou en saturant par de la lessive de soude de l'acide oléique dans lequel on a dissous 12 à 15 % de soufre entre 120° et 160°.

Savon au peroxyde de sodium (Dr. Unna).

Parafine liquide	3
Savon	7
Peroxyde de sodium	8 à 10 parties.

Savon au phénol ou acide phénique. — On fait un savon à froid ordinaire à base de coco, suif; on ajoute dans ce savon un peu de glycérine 15 %, d'alcool 20 à 30 %, puis environ 8 à 10 % d'acide phénique cristallisé que l'on a préalablement liquéfié par la chaleur.

Savon salicylé. — Aussi désinfectant que ceux au phénol et au chlore, mais n'ayant pas d'odeur. Pour le fabriquer, on dissout de l'acide salicylique dans de l'alcool et on incorpore à du savon 10 % d'acide salicylique. M. Dieterich (de Helfenberg) donne le nom de **Saponulés** aux solutions faibles de savon dans l'alcool avec addition de produits médicamenteux.

Savon	3^{kgr}	
Alcool	25^{kgr}	Savon à l'ammoniaque.
AzH³	0^{kgr} 800	

Savon au goudron. — Excellent savon contre les maladies de peau; il se prépare en mélangeant deux à trois parties de goudron avec quatorze ou quinze parties de savon.

Savon au pétrole. — Jouit des mêmes propriétés que le précédent. On incorpore 30 à 40 % de pétrole à un savon à froid.

Savon au tannin. — Ce savon est très astringent, bon pour les engelures, fait passer les transpirations, etc. On le prépare en mélangeant deux à trois parties de tannin pur (poudre jaunâtre) à seize à dix-sept parties de savon.

Savon à la térébenthine. — Ce savon est employé pour le traitement des rhumes, des douleurs d'oreille, des engelures, etc.

On le prépare en mélangeant ensemble :

    1 kilogramme poudre de savon.
    1   —   essence de térébenthine rectifiée.
    150 grammes de carbonate de K.

Savon à l'acide arsénieux. — Ce savon est très employé pour conserver les dépouilles d'animaux. On le prépare de la façon suivante : savon 50 kilogrammes, que l'on fait fondre dans 50 kilogrammes d'eau, où on a préalablement fait dissoudre 60 kilogrammes d'acide arsénieux et 15 kilogrammes de CO^3K^2.

On ajoute ensuite environ 50 kilogrammes de chaux vive en poudre et un peu de camphre pulvérisé, 5 à 6 kilogrammes, en brassant énergiquement, car la pâte devient très épaisse.

SAVONS MÉDICINAUX A BASE D'OXYDES MÉTALLIQUES TERREUX (EMPLATRES)

Ce sont généralement des savons à base d'oxyde de plomb (litharge).

(1) Emplâtre simple.

Litharge	2 kilogrammes.	
Saindoux	2	—
Olive	2	—
Eau	4	— (Codex).

On mélange ensemble, dans une grande capsule, la litharge avec les matières grasses; on fait fondre doucement, on ajoute ensuite l'eau en brassant et en forçant la chaleur jusqu'à l'ébullition.

La masse acquiert une couleur blanche et il vient crever de grosses bulles à la surface. On remet de temps en temps un peu d'eau chaude à mesure de l'évaporation.

On obtient aussi par refroidissement une masse emplastique.

(2) Emplâtre brûlé.

Olive	1^{kgr}
Saindoux	0,500
Beurre	0,500
Suif	0,500
Cire	0,500
Litharge	0,500
Poix noire	0,125 (Codex).

On ajoute la litharge dans les matières grasses très chaudes, et l'on brasse.

On met la poix lorsque la masse a pris une couleur foncée, on coule ensuite dans des moules.

Emplâtre de savon.

Emplâtre simple.	2 000
Cire blanche.	150
Savon médicinal.	125 (Codex).

Faire fondre l'emplâtre et la cire, ajouter le savon préalablement râpé et l'incorporer par agitation.

Emplâtre de savon camphré.

Emplâtre de savon	100
Camphre pulvérisé	1 (Codex).

Emplâtre mercuriel ou de Vigo.

Emplâtre simple	200	grammes.
Cire jaune	10	—
Colophane	10	—
Bedellium	3	—
Gomme ammoniaque purifiée .	3	—
Oliban	3	—
Myrrhe.	3	—
Safran	2	—
Mercure	60	—
Styrax liquide.	30	—
Térébenthine.	10	—
Essence de lavande	1	— (Codex).

Emplâtre de minium camphré ou de Nuremberg.

<pre>
Emplâtre simple . . . .   600 grammes.
Cire jaune   300   —
Olive (huile)   100   —   —
Minium   150   —
Camphre pulvérisé   12   —   (Codex).
</pre>

Emplâtre résolutif ou des quatre fondants.

<pre>
Emplâtre de savon   100
     —   diachylon gommé . . .   100
     —   mercuriel   100
     —   de ciguë   100   (Codex).
</pre>

CHAPITRE VIII

ANALYSE COMPLÈTE DES SAVONS

I. Analyse des savons.
II. Récupération du savon des eaux savonneuses.
III. Procédés particuliers de saponification.

I. — Analyse des savons.

L'analyse des savons est une opération très importante ; elle permet à l'acheteur de se rendre compte de la qualité des savons qu'il achète ($^0/_0$ d'acides gras, etc.), s'il y a de l'alcali libre nuisible aux usages industriels, s'ils sont fraudés, etc. Elle permet au fabricant de contrôler sa fabrication, de déterminer la nature exacte des savons des autres fabricants, etc.

Nous allons étudier la manière de doser les différents produits se trouvant dans le savon.

1º Eau. — On met 10 grammes de savon dans une capsule ou un plateau après l'avoir réduit en petits copeaux. On porte à l'étuve dont on augmente graduellement et lentement la température jusqu'à 120-130º. On y laisse le savon jusqu'à ce que deux pesées faites à un certain intervalle de temps ne diffèrent plus entre elles.

La différence entre le poids primitif et le poids final indique la proportion d'eau.

Cette dessiccation demande un temps assez long; il faut briser les croûtes qui se forment, malgré cela les dernières traces d'eau s'échappent difficilement.

On préfère souvent mettre comme précédemment 10 grammes dans une capsule tarée, ajouter 10ᶜᶜ d'alcool qui dissout le savon et mélanger 10 grammes de sable blanc bien sec. On opère ainsi comme précédemment en tenant compte du poids du sable ajouté.

2º Matières étrangères. — On met environ 25 grammes de savon dans 100ᶜᶜ d'alcool à 90º et on opère la dissolution en faisant bouillir au réfrigérant ascendant.

On filtre sur un filtre taré et on lave plusieurs fois le filtre avec de l'alcool bouillant. Le filtre est ensuite desséché, et par différence de poids on a le poids des matières insolubles dans l'alcool.

Pour reconnaître si on a affaire à des matières minérales ou végétales, on calcine ensuite le filtre dans une capsule de platine tarée; le poids du résidu donne le poids des matières minérales.

Les substances minérales peuvent être solubles dans l'eau (carbonate, sulfate, chlorure, silicate, etc.). (La soude caustique NaOH ou KOH sont solubles dans l'alcool fort.) Les matières minérales, insolubles dans l'eau sont craie, kaolin, SO^4Ba, silice, etc.

Natures végétales insolubles dans l'alcool (amidon, fécule, gélatine, etc.).

Dosage des matières minérales solubles dans l'eau.

Dosage de l'alcali carbonaté, CO^3Na^2, CO^3K^2. — Si le savon ne renferme pas de silicate de soude, on peut doser cet alcali sur le résidu du filtrage alcoolique précédent qui les contient. On épuise ce résidu par de l'eau chaude et on dose les carbonates dans la liqueur au moyen

de la liqueur N de SO^4H^2, comme il a été indiqué à l'article alcalimétrie (méthyl-orange comme
inducteur).

$$1^{cc} \text{ solution } SO^4H^2 \ (N) = 0,053 \text{ de } CO^3Na^2$$
$$1^{cc} \qquad - \qquad - \quad (N) = 0,069 \text{ de } CO^3K^2$$

On peut aussi opérer différemment si on ne
recherche que cette quantité. On dissout par
exemple 50 grammes de savon dans l'eau et on
sépare le savon avec du sel marin blanc bien
pur. La croûte de savon une fois solidifiée, on
recueille l'eau salée que l'on filtre ; on recommence une ou deux autres fois et l'on dose l'alcali libre dans ces eaux de séparation comme
précédemment.

Ici on dose l'alcali carbonaté plus alcali libre,
s'il y en a dans le savon.

Si le savon contient du savon de résine, on
ne peut employer ce dernier procédé, car le
savon de résine, étant partiellement soluble dans
l'eau salée, fausserait les résultats.

Nous verrons plus loin la manière de séparer
la potasse de la soude.

Dosage du silicate. — Le procédé le meilleur est le suivant : on dissout le savon dans

l'eau et on filtre à chaud pour éliminer complètement les matières minérales insolubles dans l'eau. On décompose par HCl la dissolution savonneuse comme il est dit plus loin (dosage des acides gras). On recueille le liquide acidulé qui contient la silice à l'état de silice gélatineuse (il ne faut pas filtrer).

On évapore alors à siccité complète; la silice devient alors complètement insoluble dans l'eau. En reprenant alors le résidu par l'eau on enlève tous les sels solubles (NaCl, SO^4Na^2), etc., on filtre et on calcine le filtre. Le poids trouvé est le poids de silice.

En se reportant à ce que nous avons déjà dit à propos du silicate de soude, on voit quelle est la quantité de silicate correspondant.

Sulfates. — On calcine complètement au rouge sombre, dans une capsule de platine, 10 grammes de savon par exemple; il faut avoir soin de le faire sécher préalablement afin d'éviter les pertes par projection.

On reprend le résidu par l'eau, on ajoute un peu d'acide chlorhydrique et de $BaCl^2$; il se forme du sulfate de baryte qui précipite. On recueille ce sulfate de baryte et on le calcine;

le poids de sulfate de baryte trouvé $\times$ 0,609 donne le poids de SO^4Na^2 correspondant.

Si on a affaire à du sulfate de potasse, le chiffre par lequel il faut multiplier le poids de SO^4Ba est 0,746.

Chlorures. — Se dosent de la même façon dans les cendres.

On traite les cendres par l'eau et on ajoute un peu de AzO^3H, on fait bouillir et on sature ensuite par du CO^3Ca.

La liqueur filtrée, additionnée de deux gouttes de chromate neutre de potasse, est précipitée par une solution normale de AzO^3Ag, versée au moyen d'une burette de MOhr.

La liqueur N de $AzO^3Ag = 170$ grammes par litre.

$$AzO^3Ag = 14 + 48 + 108 = 170.$$

1^{cc} correspond à 0,0585 de NaCl, car la liqueur normale de NaCl correspondant est :

$$23 + 35,5 = 58 \text{ gr. } 5 \text{ par litre.}$$

On ajoute de la liqueur titrée jusqu'au moment où le précipité devient légèrement rougeâtre par suite de la formation de chromate d'argent, ce qui exige la précipitation complète du Cl.

Matières insolubles dans l'eau. — La spécification de ces matières ne présente pas un grand intérêt en pratique et demande des notions analytiques plus étendues que celles que nous pouvons donner ici.

Matières végétales solubles dans l'eau. — La fécule et l'amidon se reconnaissent à la coloration bleue qu'elles prennent avec l'iode, et par l'examen microscopique du résidu du filtrage alcoolique.

Glucose. — Liqueur de Fehling; le glucose donne un précipité d'oxydule de Cu, etc.

Cette spécification est aussi très délicate et demande une grande connaissance de la chimie organique.

Dosage des alcalis totaux et combinés.

1º On calcine 10 grammes de savon comme précédemment. On reprend par l'eau et on titre l'alcali total ($NaOH + CO^3Na^2$, etc.), avec le méthylorange comme indicateur.

2º On peut décomposer un poids de savon connu, par exemple 5 grammes, par une liqueur N de SO^4H^2, avec le méthylorange comme indicateur. Le savon doit être dissous dans l'alcool.

3º En opérant de la même façon sur la liqueur

alcoolique filtrée, on ne dose que NaOH, KOH, les carbonates étant restés sur le filtre.

Remarque. — Dans les deux premiers cas, on retranche de l'alcali total trouvé l'alcali carbonaté, en ramenant le tout à la même unité KOH, ou NaOH (par exemple), et on a l'alcali combiné aux matières grasses.

Pour le dosage séparé de la potasse et de la soude mélangés ensemble, voir à l'article alcalimétrie où ceci est exposé.

On opère sur les cendres pour avoir le total, ou aussi sur les cendres du filtrage alcoolique si on veut avoir le dosage complet.

$$NaOH - KOH$$
$$CO_3Na_2 - CO_3K_2$$

Il faut retrancher la quantité de Na_2O correspondant au NaCl trouvé précédemment.

3° Dosage des acides gras. — On prend 100 grammes de savon que l'on dissout dans de l'eau distillée. On décompose petit à petit le savon par de l'acide sulfurique étendu jusqu'à ce que l'eau présente une réaction acide. Les acides gras se présentent d'abord à la surface, à l'état émulsionné, puis ensuite à l'état liquide;

on ajoute alors 10 grammes de cire blanche ou d'acide stéarique.

Après refroidissement, on fait écouler l'eau acide en perçant la croûte dure d'acides gras qui surnage (l'addition de cire ou d'acide stéarique a pour but de rendre cette croûte bien dure). On remet de l'eau distillée et on fait bouillir à nouveau. On recommence jusqu'à ce que l'eau ne présente plus aucune trace d'acidité.

Après avoir bien décanté, on chauffe la capsule à 100-110° jusqu'à ce que la masse soit sèche, ce que l'on constate lorsque l'ébullition de la matière grasse devient tranquille. On pèse alors, et en déduisant du poids total trouvé la tare de la capsule $+$ le poids de la cire, on a le poids d'acides gras correspondant aux 100 grammes de savon.

Ces acides gras sont à l'état hydraté; pour avoir le poids des acides gras anhydres existant dans le savon (c'est le chiffre souvent indiqué dans les analyses), on retranche $3,25 \times x$ du poids x trouvé.

4° Rendement des savons. — Lorsqu'on a

dosé les acides gras d'un savon, on est à même de déterminer le rendement de ce savon, c'est-à-dire la quantité de savon donnée par 100 kilogrammes de matière grasse neutre.

Soit un savon à 50 $^0/_0$ d'acides gras desséchés (si le résultat de l'analyse est donné en acides gras anhydres, comme cela a toujours lieu, on transforme en acides gras ordinaires ou hydratés).

On sait que 100 kilogrammes matière grasse neutre correspondent environ à 95,5 d'acides gras.

D'où 100   95,5 (chiffre moyen de Hehner).
     x 50

$$x = 52,3$$

Si 52,3 de matière neutre correspondent à 100 kilogrammes de savon, 100 kilogrammes de matière neutre $= 191,2$ (rendement). Ce rendement n'est pas exact, car les huiles industrielles contiennent des impuretés, de l'eau (par exemple, pour les suifs la tolérance humidité et impuretés est 2 $^0/_0$), ce qui vient augmenter le rendement. Si on connaît exactement la nature des huiles, on peut employer le chiffre de Hehner exact. Le calcul théorique du rendement en savon anhydre, pour la stéarine par exemple, est le suivant.

$$C^3H^5(C^{18}H^{35}O^2)^3 + 3NaOH = 3C^{18}H^{35}O^2Na + C^3H^5(OH^3)$$

$$\underbrace{890} \qquad\qquad\qquad \underbrace{918}$$

$$
\begin{array}{cc}
890 & 918 \\
100 & x
\end{array}
$$

$$x = 103,14 \quad (\text{rendement})$$

Si on veut obtenir des acides gras sur lesquels on puisse essayer les différentes réactions destinées à déterminer la nature des huiles, on opère de la même façon; mais alors on n'ajoute pas de cire ou d'acide stéarique.

5° Dosage de la résine. — Parmi les nombreux procédés donnés, nous indiquerons le procédé de Gladding.

Dans un tube gradué on met 0,5 du mélange d'acides gras et de résine obtenu comme nous venons de le voir, 20cc d'alcool à 95°; on neutralise à chaud en présence de phénolphtaléine par une dissolution alcoolique de potasse.

Après refroidissement, on ajoute 100cc d'éther et 1 gramme de nitrate d'argent en poudre.'

Après agitation et 15 à 20 minutes de dépôt, on prend 50 à 70cc de la solution éthérée (filtrée si elle n'est pas absolument limpide), on l'agite avec de l'alcool chlorhydrique, et après dépôt du chlorure d'argent on évapore soit toute, soit une partie de la solution éthérée exactement mesurée; on sèche à 100° et l'on pèse.

Le poids trouvé est le poids de la résine dans la partie évaporée.

0,5 d'acides gras dans 120cc environ, si on a pris 50cc filtrés pour éliminer le $AgCl^2$ (dans ce cas, on lave le filtre avec un peu d'éther).

soit x de résine

$$\begin{array}{cc} x & 50 \\ y & 120 \end{array} \qquad y = \frac{120 \times x}{50}$$

y résine contenue dans 0,5 d'acides gras.

On passe facilement au $^0/_0$ de résine dans le savon, sachant le $^0/_0$ d'acides gras contenus dans le savon.

La méthode ainsi présentée n'est pas tout à fait exacte, car l'oléate d'argent est un peu soluble dans le mélange d'alcool et d'éther; aussi faut-il établir un facteur de correction. C'est ce qu'a fait Gladding.

Moyenne. — 100cc du mélange éther, alcool, dissolvent 23mg,5 d'acide oléique à l'état de sel d'argent. En prenant le cas précédent, la véritable quantité de résine est:

$$x' = x - \frac{0^{gr}0235}{2}$$

$$y' = 120\left(x - \frac{0,0235)}{2}\right.$$

Ce facteur moyen n'est pas tout à fait exact dans tous les cas ; voici, d'après F. Jean, les corrections à faire :

	Matières grasses dissoutes à état de sel Ag dans 100^{cc} (alcool, éther)		
	maximum	minimum	moyenne
Acide stéarique pur	16,0	8	11,6
Oléique pur	15,0	9,0	12,0
Acide palmitique	30,0	28,0	29,1
Huile de coton	34,0	20,0	26,9
Huile de ricin	62,0	49,0	53,9
Huile de coco { acides gras séchés au bain-marie	17,5	12,0	14,8
acides gras séchés sur SO^4H^2	23,0	19,0	21,1
Acide stéarique, oléique, proportions égales	22,0	18,0	19,1
Acide stéarique, huile coton, proportions égales			25,5
Acide stéarique, huile coco, proportions égales (bain-marie)			23,4
Acide oléique et huile coton, proportions égales			24,5
Acide oléique et huile coco, proportions égales (bain-marie)			25,6

6° Dosage de la glycérine. — On dissout le savon dans l'eau, on précipite la matière grasse par la plus petite quantité de HCl, on filtre, on lave à l'eau acidulée, on sature par du carbonate de sodium et on évapore à une douce chaleur.

On reprend le résidu par l'alcool à 92°, on filtre, on évapore la solution alcoolique dans une capsule de platine et on pèse le résidu, puis on le calcine; la différence de poids correspond à la glycérine.

7° Moyen rapide pour doser l'alcali libre NaOH dans un savon (Guide de fabrication).

$$\left\{ \begin{array}{l} \text{2 grammes de savon.} \\ \text{50}^{cc}\ \text{alcool.} \end{array} \right.$$

10 % solution de $BaCl^2\ \dfrac{1}{10}$ (ou plus).

On fait fondre, puis met $BaCl^2$; on titre avec une liqueur N ou quelconque 10 (mais connue) d'acide stéarique dans l'alcool (phénolphtaléine). Il faut un bouchon en liège et non en caoutchouc. En opérant lentement, avec précaution, on ne dose que l'alcali caustique libre.

On peut arriver au même résultat, quoique moins sûrement, avec une liqueur d'acide acétique.

II. — Récupération du savon des eaux savonneuses.

Le savon étant très employé dans l'industrie, comme nous l'avons vu, il est bon de connaître quels sont les différents moyens que l'on peut employer pour récupérer la matière grasse contenue dans les eaux résiduaires.

Ces quantités peuvent souvent être en quantités assez grandes pour demander un traitement particulier.

On peut employer simplement un acide, SO^4H^2 par exemple, que l'on ajoute dans ces eaux jusqu'à réaction légèrement acide ; les acides gras mélangés d'impuretés viennent flotter à la surface où on les recueille. Comme ils sont impurs, il faut opérer soit un filtrage à chaud (filtre presse), soit un passage aux presses à chaud (comme celles de la fabrication des bougies).

On opère nécessairement de cette deuxième façon si on a affaire à des corps très impurs.

On peut ajouter du sel marin en quantité suivante pour séparer le savon en grumeaux, qui viennent flotter à la surface. Après un ou deux lavages à l'eau salée, ce savon, s'il n'est pas trop impur, peut rentrer dans la fabrication des savons communs.

Un autre procédé très bon consiste à précipiter par du $CaCl^2$ ou du SO^4Mg (on en a directement à sa disposition en savonnerie, si on emploie le procédé à la magnésie de décomposition des acides gras à l'autoclave).

Ce magma, purifié autant que possible par lavage à l'eau chaude des impuretés solubles, est ensuite décomposé par un acide.

Les acides gras obtenus sont presque toujours trop colorés, il faut les blanchir. On emploie généralement le bichromate de potasse et SO^4H^2 ou HCl, comme il a été indiqué à l'article *Huile de palme*.

On peut aussi utiliser le permanganate de potasse, le bioxyde de manganèse, etc.

Les tissus gras peuvent être, soit traités par une dissolution de soude sur laquelle on opère comme précédemment pour enlever le savon, soit traités directement par la benzine, le sulfure de carbone, qui les dissolvent.

III. — Procédés particuliers de saponification.

1° On peut saponifier les matières grasses au moyen des *sulfures alcalins* (Pelouze), qui peuvent ètre directement obtenus par la calcination à haute température du sulfate de soude et du charbon. Mais ce procédé a l'inconvénient de coûter cher, étant donné le bas prix auquel on fabrique actuellement le carbonate de soude; de plus, on a un abondant dégagement de H_2S, gaz toxique, et enfin le savon a besoin d'être fortement purifié avant de prendre un aspect commercial.

2° Cambacérès (1844) a donné quelques idées intéressantes sur un procédé destiné à remplacer la saponification à la chaux pour l'obtention des acides gras en stéarinerie. On saponifie la matière grasse avec de la soude, puis on traite ce savon par une *solution d'alumine* (obtenue par l'action d'une solution alcaline sur de l'argile); il se précipite un savon alumineux que l'on décompose par un acide donnant par exemple du sulfate d'alumine, de l'acétate d'alumine, sels qui ont une certaine valeur dans les arts. La soude caustique ressert à nouveau en tenant compte des pertes.

Dans l'Amérique du Nord, on se sert pour la saponification d'aluminate de sodium qui provient de la décomposition de la cryolithe.

3° On sait que *l'alcool* aide beaucoup à la saponification des corps gras (empâtage en laboratoire); on a proposé (M. Courtonne) de l'employer en grand, mais l'économie de temps pour la saponification ne paraît pas devoir compenser les frais de récupération de l'alcool, sans compter la perte inévitable quelle que soit la perfection des appareils.

4° Comme dernière réaction spéciale intéressante, on peut citer la saponification des corps gras par *les oxydes anhydres* (chaux par exemple), mais il faut opérer à une température assez élevée, 250° environ pour le suif.

CHAPITRE IX

BOUGIES

I. — Considérations générales.

Les corps gras sont encore très employés pour l'éclairage. On les utilise soit dans des lampes munies de mèches, où la matière grasse liquide monte par capillarité, soit pour les matières grasses solides à l'état de chandelles ou de bougies. Les chandelles sont fabriquées avec du suif, que l'on moule sous forme de cylindres contenant une mèche au milieu. On emploie soit du suif pur, soit du suif mélangé de suif pressé, c'est-à-dire débarrassé par pression de son oléo-margarine, partie plus liquide. Ce mode d'éclairage diminue de plus en plus, car les chandelles répandent une mauvaise odeur, coulent, se ramollissent en donnant des taches de graisse dès qu'il fait un peu chaud.

On les a remplacées par les bougies, qui sont constituées par un mélange d'acide stéarique et d'acide palmitique, que l'on peut obtenir dans un état de pureté beaucoup plus grande que les suifs, et dont le point de fusion est beaucoup plus élevé, ce qui empêche le coulage. Dans les bougies de qualité inférieure, on mélange des corps gras à point de fusion moins élevé, mais dont le prix est aussi moins élevé.

Nous avons déjà vu dans cet ouvrage, à l'article *Glycérine,* quels étaient les différents procédés de transformation des matières grasses en leurs acides gras. Nous allons maintenant voir ce que sont l'acide stéarique et l'acide palmitique, puis ensuite nous parlerons de la fonte des suifs (cette opération, que l'on aurait pu indiquer au début de cet ouvrage, a été laissée ici, car elle se rapporte plus directement à la stéarinerie), et enfin nous indiquerons le moyen de séparer les acides stéarique et palmitique de l'acide oléique et de faire les bougies.

II. — Acide stéarique ($C^{36}H^{18}O^2$)

Cet acide se rencontre surtout dans les suifs et dans le fruit du *Brindonia indica*. L'acide stéarique pur fond entre 69,1, 69,2 centigrades, en une huile incolore qui, par le refroidissement, se solidifie en une masse blanche cristalline en fines écailles et onctueuse au toucher. Dilatation de 11 °/₀ à la fusion.

Les stéarates de potasse et de soude, dilués dans l'eau, se dédoublent en alcali libre et en sel insoluble.

Séparation d'avec l'acide oléique (laboratoire). On sépare par pression l'acide oléique de l'acide stéarique du suif, puis on dissout dans l'alcool l'acide stéarique cristallisé; on filtre et exprime les cristaux sur du papier buvard.

On répète plusieurs fois, jusqu'à ce que l'acide fonde, 69,1, 69,2.

On peut aussi faire une précipitation partielle de la dissolution alcoolique de savon par une dissolution d'acétate de magnésie.

On décompose le stéarate de magnésie par un acide.

L'acide sulfurique concentré dissout l'acide stéarique, sans coloration, à une douce chaleur; à chaud, il y a attaque avec formation d'acide sulfureux.

L'acide azotique à chaud, à l'ébullition, le transforme en autres acides : subérique, adipique, etc.

L'acide stéarique du commerce n'est pas de l'acide absolument pur, puisque son point de fusion est bien inférieur à 70°, soit 54-55°.

Comme acide voisin de l'acide stéarique et qui a été souvent indiqué comme n'étant pas un acide spécial, mais un mélange d'acides, se trouve l'acide margarique. La *margarine* peut se retirer de l'huile d'olive refroidie; en la purifiant, on a un produit fondant à 40° et donnant un acide gras fondant à 51°.

Ce chiffre est un peu faible, car l'acide margarique fond vers 60° (Chevreul).

Heintz a dit que l'acide margarique obtenu par Chevreul, en partant de la saponification des graisses animales, n'était qu'un mélange d'acide palmitique et d'acide stéarique; mais il admet, lui aussi, l'existence de cet acide.

En partant de la margarine obtenue de l'huile d'olive, comme nous venons de le dire, on forme un margarate de potasse. On le dessèche complètement, puis on le fait macérer dans l'alcool froid (2 parties). L'oléate est bien plus soluble que le margarate; en répétant plusieurs fois cette opération, on arrive à avoir un margarate pur qui, décomposé par un acide, donne un acide gras fondant vers 60°.

L'acide margarique présente de grandes analogies avec l'acide stéarique, avec lequel il est mélangé, par exemple dans l'acide stéarique commercial.

Table de Heintz.

Acide margarique	Palmitique	
90	10	58,7
80	20	57,6
70	30	56,9
60	40	56,5
50	50	56
40	60	56
30	70	57
20	90	58,6
10	90	60.2

En pressant du suif bien cristallisé à la température de 25°, on sépare d'une part la margarine et l'oléine (oléo-margarine). Ce produit sert à faire la margarine comestible. La partie solide restant est le suif pressé.

III. — Acide palmitique.

La palmitine, qui est l'éther de l'acide palmitique existe principalement dans l'huile de palme. Les travaux de Berthelot ont montré que l'acide margarique était différent de l'acide palmitique.

On trouve aussi de la palmitine dans la cire du Japon.

On peut le préparer en partant de l'huile de palme. On la saponifie, décompose par un acide, presse les acides gras pour enlever l'acide oléique, puis traite plusieurs fois par l'alcool froid qui dissout l'acide oléique.

L'acide palmitique fond à 62°.

On peut préparer de l'acide palmitique artificiellement, en fondant de l'acide oléique avec de l'hydrate de potasse; il y a dégagement d'hydrogène et formation d'acétate et de palmitate de potasse que l'on décompose par un acide.

Poutet (1889) observa que l'oléine des huiles

non siccatives se solidifie sous l'influence d'une solution de mercure dans l'acide nitrique.

La matière ainsi obtenue (élaïdine) donne par saponification et décomposition acide un acide gras correspondant (acide élaïdique).

L'élaïdine fond à 32°, se solidifie à 28°.

L'acide élaïdique fond à 44-45°, se solidifie à 42°.

On a essayé d'appliquer cette réaction d'une façon industrielle pour augmenter la quantité d'acides gras solides.

En 1844, Wilson et Gwynes firent agir sur les matières neutres un mélange de AzO^3H et de mélasse (à chaud on a production de vapeurs rutilantes, comme dans l'action de AzO^3H sur Hg).

D'autres ont employé de la fécule, qui donne le même résultat (1849). Dumortier et Gauny agissaient sur les acides gras ; enfin (1853), Michel Servan utilisa AzO^3H et de la sciure de bois.

Tous ces procédés amènent bien une petite augmentation de la quantité d'acides gras solides, mais leur point de fusion est néanmoins peu élevé ; le traitement coûte cher et dégage des vapeurs dangereuses. On a aussi une perte de matière grasse. De plus, il se forme une matière colorante rouge qui, restant dans l'acide oléique, diminue sa valeur.

IV. — Fonte des suifs.

Le suif en branches est découpé soit à la main, soit par des hachoirs mécaniques.

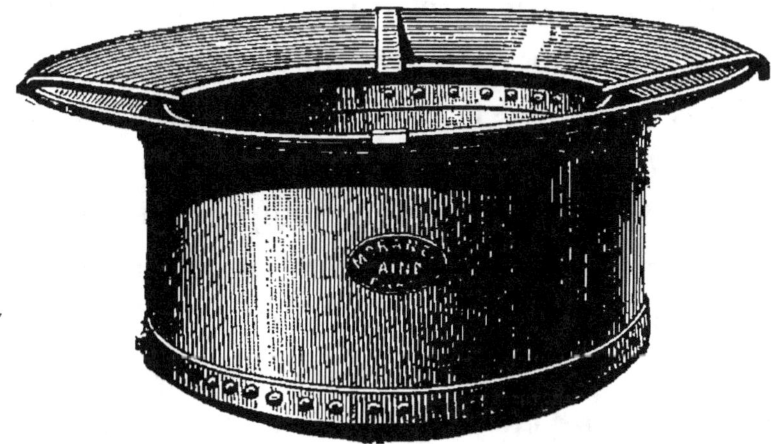

Fig. 60. — Chaudière à suif (Morane).

La fonte aux cretons se fait dans des chaudières en cuivre, soit à feu nu (fig. 60), soit à double fond chauffé par la vapeur.

Il faut brasser continuellement pour éviter

que la matière ne brûle; le suif qui coule liquide hors des cellules est ensuite filtré (tamis en Cu).

Les tourteaux, pressés à chaud pour enlever le plus possible de suif, portent le nom de cretons.

Fonte à l'acide. — Ce procédé est préférable aux précédents. Il se fait généralement dans des chaudières en Cu chauffées par un serpentin (fig. 61).

Le suif haché est introduit dans cette chaudière par le trou d'homme situé à la partie supérieure, avec de l'eau additionnée d'environ 3 $\%$ de SO^4H^2 à 66° Baumé (commercial).

On fait bouillir un certain temps sous pression, les membranes se dissolvent dans cette eau chargée de SO^4H^2. Le suif frais qui surnage est décanté.

Le rendement en suif du deuxième procédé est plus grand; on obtient 83 à 84 $\%$ de suif, c'est-à-dire 1 à 2 $\%$ de plus que par le premier.

On peut remplacer l'acide par de la soude caustique faible, mais ce procédé n'est guère employé.

Fig. 61. — Chaudière à suif (Morane).

On purifie les suifs en les fondant avec un peu d'eau alunée, qui précipite les membranes pouvant rester en suspension.

V. — Fabrication des chandelles.

Cette fabrication tend, comme nous l'avons déjà dit, à diminuer de plus en plus ; nous ne

Fig. 62. — Machine à chandelles (Moranc).

donnerons que quelques indications rapides sur cette fabrication.

Cette fabrication, qui se faisait autrefois à la main, se fait généralement maintenant au moyen de machines (fig. 62).

Le suif est coulé dans les moules au moment où il va se solidifier, c'est-à-dire au moment où on voit une légère pellicule se former à la surface du vase qui le contient. Un récipient à eau entoure les moules; cette eau peut être légèrement chauffée pour permettre un bon démoulage, qui est produit par l'action de tiges verticales entrant dans les moules.

Les bougies, une fois fabriquées, sont exposées à l'air où elles se sèchent et se blanchissent.

VI. — Séparation des acides gras concrets des acides gras liquides.

Les acides gras sur lesquels nous avons à opérer proviennent de deux sources principales : la saponification calcaire ou la saponification sulfurique. Les premiers peuvent être directement passés aux opérations suivantes, s'ils proviennent de suif blanc, palme blanchie, etc.; mais s'ils proviennent de matières fortement colorées, suif d'os à la benzine, huile de palme non blanchie, ils doivent être souvent distillés d'abord.

Il en est de même dans tous les cas pour les acides gras de la saponification sulfurique.

Distillation. — Les appareils pour distiller les acides gras sont basés sur l'emploi de la vapeur surchauffée (fig. 63).

La vapeur arrivant du générateur est surchauffée en passant à travers un tuyau serpentin en fer chauffé par un foyer spécial. Les gaz de ce

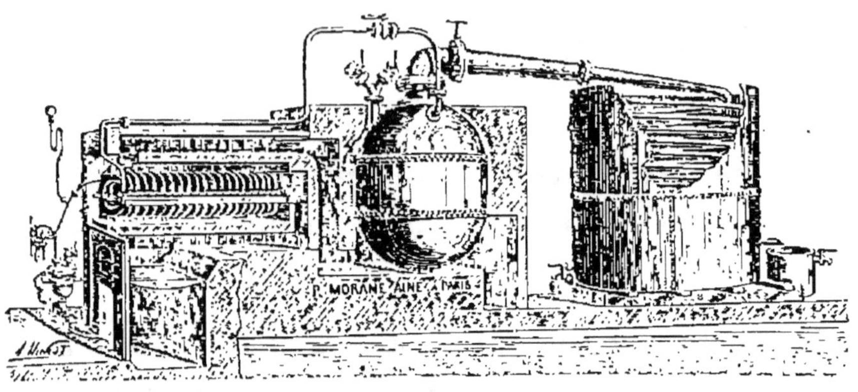

Fig. 63. — Appareils à distiller les corps gras (Morane).

foyer, après avoir chauffé le serpentin, viennent réchauffer extérieurement le récipient contenant les matières grasses. La vapeur arrive barboter, par un tuyau percé de trous, au fond du récipient où se trouvent les matières grasses.

Généralement, on place sur la conduite de vapeur un thermomètre spécial, qui indique la température à laquelle se trouve la vapeur.

C'est Thomas et Laurens qui ont inventé le procédé de distillation à vapeur surchauffée.

Les matières acides pures distillent aux températures suivantes :

$$\left\{\begin{array}{ll} \text{Acide oléique} & 200 \\ \text{Stéarique} & 230 \\ \text{Palmitique} & 178\text{-}180 \end{array}\right.$$

Dans la pratique, on commence au-dessus de 230°, et à mesure que la distillation commence, on monte à 293-295°.

Les acides gras se condensent dans le serpentin placé à la suite de l'appareil; la température de l'eau de réfrigération ne doit pas être au-dessous de 50-60° centigrades, autrement les acides gras se solidifieraient et boucheraient le tuyau.

Ces acides gras et une petite quantité d'eau coulent dans le récipient placé sous le serpentin, où ils se séparent par ordre de densité.

On condense aussi souvent dans de grands tuyaux verticaux en grès en forme d'U, ayant chacun un robinet à la partie inférieure.

Les acides gras qui distillent vers la fin de l'opération sont plus colorés et doivent repasser à une nouvelle distillation.

PUGET. Savons et bougies. 9*

Il reste dans la chaudière un goudron liquide, que l'on fait évacuer au dehors en ouvrant le robinet placé à côté de celui d'amenée des acides gras. Le tuyau allant au fond de l'appareil forme siphon, et la pression qui existe dans l'appareil, si l'on ferme la vanne qui se trouve sur le tuyau de sortie des acides gras, les fait remonter et sortir au dehors.

Il faut environ une douzaine d'heures pour distiller 1 000 de matière grasse.

On n'enlève généralement pas les goudrons à chaque opération, mais on rajoute plusieurs fois de la matière grasse jusqu'à ce qu'il y en ait assez. Quelques fabricants alimentent d'une façon continue.

Les acides gras, recueillis à la sortie du serpentin, diffèrent suivant le point où en est rendue la distillation.

(Payen)

	Huile de palme	Graisses d'os
(1)	54,5	40
(2)	52	41
(3)	48	41
(4)	46	42,5
(5)	44	44
(6)	41	45
(7)	39,5	41

Quelques industriels ont fait des modifications à ce procédé. Liewens Bauwens envoyait de l'air surchauffé mélangé à la vapeur ; d'autres ont essayé l'emploi du vide, mais tous ces procédés sont peu employés.

Comme nous l'avons déjà dit, la distillation reste toujours une opération délicate, qui demande à être conduite avec le plus grand soin, avec un réglage très exact de température.

Distillation des matières neutres. — La distillation des matières grasses neutres permet de les décomposer en acides gras et glycérine ; on recueille ainsi les acides gras distillés et de l'eau glycérineuse (Tilghman). Mais ce procédé, très économique à première vue, ne peut être utilisé dans la pratique, sauf pour l'huile de palme.

En effet, les matières grasses neutres, le suif, par exemple, ne distillent qu'à une température d'environ 315-320°. Or à cette température, les acides gras sont plus ou moins décomposés, ainsi que la glycérine (formation d'acroléine, gaz à odeur fortement piquante).

L'huile de palme seule, qui commence à distiller vers 290°, peut être traitée par ce procédé.

Comparaison du procédé de saponification à l'acide, suivi de distillation, et de celui par l'autoclave.

Autoclave. — On obtient environ 6 $\frac{1}{2}$ à 7 $^0/_0$ d'une belle glycérine de saponification, et 93,5 à 94 $^0/_0$ d'acides gras qui rendent, dans les opérations suivantes (pressage), environ 45 $^0/_0$ d'acides gras solides fondant à une température de 54-55°.

Si on a opéré à autoclave sur des matières fortement colorées demandant à être distillées, ·on obtient $^1/_2$ $^0/_0$ de goudron pendant cette opération (perte correspondante sur les acides gras).

Par *saponification sulfurique,* on obtient 2 $^1/_2$ à 3 $^0/_0$ d'une glycérine de qualité inférieure.

Le traitement par acide donne une perte en goudron de 4 à 5 $^0/_0$, à laquelle vient encore s'ajouter la perte de $^1/_2$ $^0/_0$ due à la distillation.

Par contre, on recueille 58 à 59 $^0/_0$ d'acides gras fusibles à 50,5-51°.

L'acide oléique obtenu dans le premier cas est très beau et employable en savonnerie, tandis que l'acide oléique de distillation est presque impropre à cet usage; on en recueille aussi moins.

Donc, suivant la nature des graisses à traiter, le prix commercial de l'acide stéarique, celui des différentes oléines, etc., de l'acide sulfurique, le fabricant pourra déterminer quel est celui des deux procédés le plus avantageux. On peut néanmoins dire que le procédé à l'acide s'applique aux matières grasses de qualité inférieure, et le procédé à la chaux est réservé aux beaux suifs blancs.

Distillation à la chaux. — Par distillation sèche des acides gras avec de la chaux en poudre, environ 30 % du poids de la matière grasse, on obtient des matières grasses non saponifiables, qui peuvent être employées à différents usages.

L'acide oléique donne l'isaléone, 85 % huile ambrée liquide; l'acide margarique donne la margarone 50 % (distillation du suif avec la chaux). Elle fond à 77 %, et se présente sous l'aspect d'un corps nacré blanc et brillant.

La stéarone fond à 86° (coûte trop cher).

La margarone est employée en parfumerie en remplacement de la vaseline, mais on emploie le plus généralement des matières obtenues d'une façon analogue par la distillation d'un mélange de corps gras (oléine, graisse de ménage, flambart, etc.).

Cristallisation des acides gras. — On fait couler des acides gras dans les mouleaux (fig. 64).

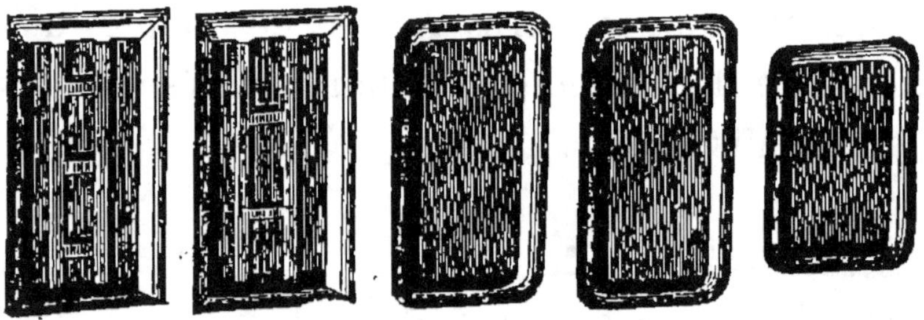

Fig. 64. — Mouleaux (Morane).

Ces mouleaux sont de petits moules en fer étamé ou émaillé, à coins généralement rivés ou emboutis, d'une seule pièce. Quelquefois en fonte ou en cuivre, même en acier nickelé.

Chacune de ces petites cuvettes peut contenir 6 à 7 kilos de matière grasse.

Les moules sont placés sur des étagères où on laisse se faire la cristallisation avec une grande lenteur, 12 à 24 heures ; cela est absolument nécessaire pour avoir une bonne cristallisation.

La masse, bien cristallisée, est jaune clair, et l'on voit l'acide oléique suinter lorsque l'on presse avec le doigt. Il arrive souvent que cette cristallisation se fait mal, il faut alors faire des mélanges d'acides gras de diverses provenances et nature. Les acides gras de distillation cristallisent très mal, seuls surtout ; s'ils viennent de suif, il faut leur mélanger 1/2 % au moins d'acides gras d'huile de palme de distillation ou mieux d'acides gras de saponification calcaire.

Les acides gras provenant des suifs de corroirie aident beaucoup à la cristallisation.

Remarque. — Les mouleaux placés par étage sur les étagères peuvent être remplis directement d'acides gras liquides sans manutention ; chacun des mouleaux porte dans ce cas, à peu de distance du bord supérieur, une petite ouverture qui forme trop-plein ; l'acide gras coule ainsi dans le mouleau inférieur, et ainsi de suite jusqu'en bas en les remplissant tous.

L'acide gras arrive dans des canaux à la partie
supérieure.

Pressage à froid. — Les pains d'acides gras

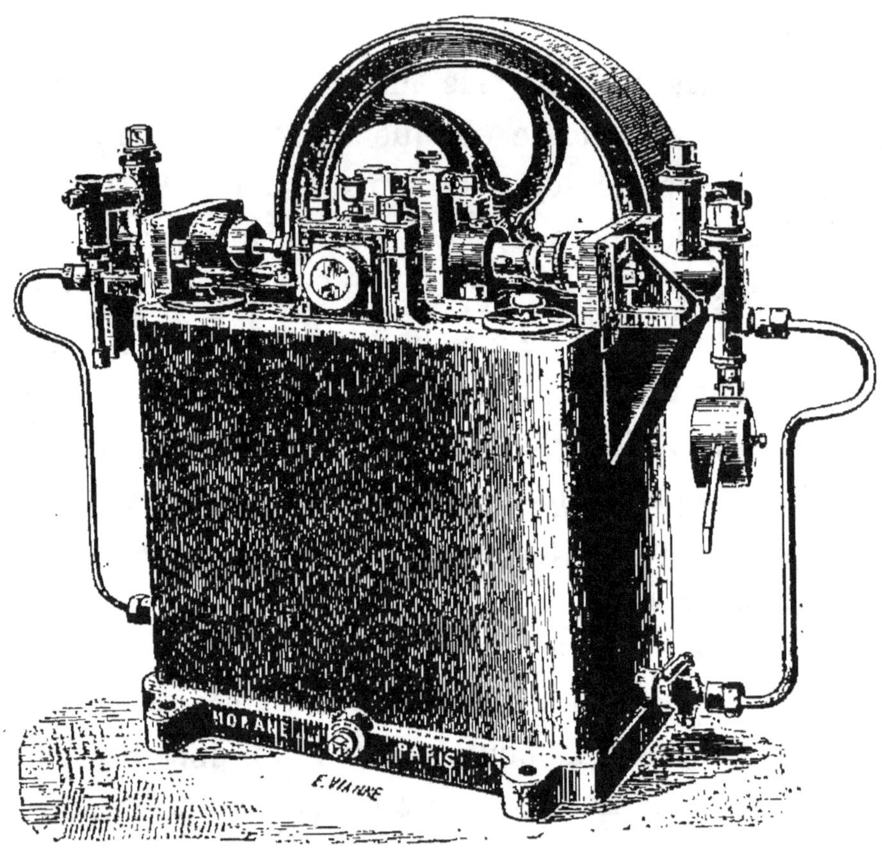

Fig. 65. — Pompe de compression (Morane).

sont retirés des moules, puis enveloppés dans
des étoffes de laine appelée malfils (quelquefois

des étoffes de lin, de chanvre ou de crin), puis sont placés sur les plateaux d'une presse hydrau-

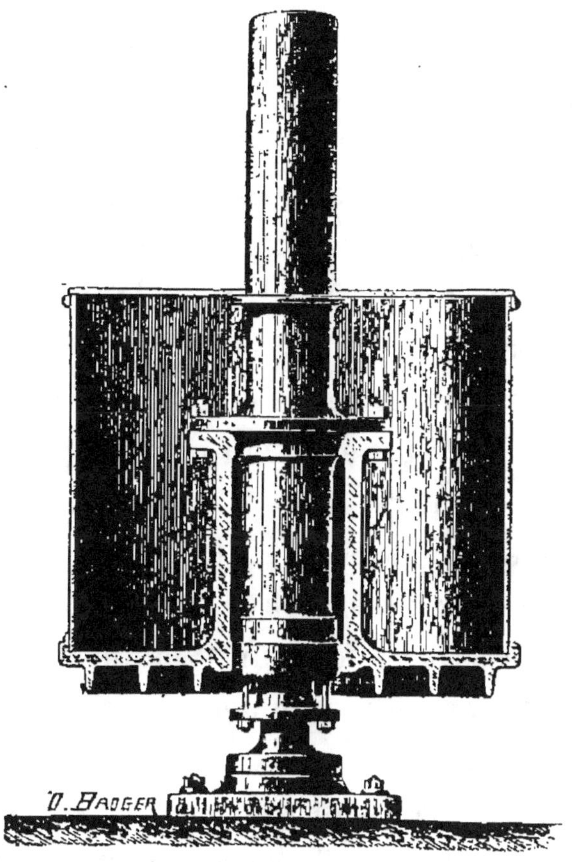

Fig. 66. — Accumulateur (Morane).

lique; on sépare généralement par des plaques métalliques striées pour obtenir une pression plus régulière, et pour permettre à l'acide oléique de mieux s'écouler. Il faut aussi que la

matière soit bien répartie horizontalement pour
avoir un pressage bien égal.

La pression de l'eau, dans les presses hydrauliques, est obtenue au moyen de pompes
(fig. 65).

·Ces pompes ne refoulent pas généralement
d'une façon directe aux presses, l'eau est en-
voyée dans des accumulateurs (fig. 66).

Ces appareils sont réglés pour la pression que
l'on veut, en changeant plus ou moins le plateau
creux. Lorsqu'ils arrivent en haut de course, ils
font fonctionner un appareil qui arrête le refou-
lement des pompes.

On a aussi une bien plus grande régularité
de pression aux presses hydrauliques et un bien
meilleur pressage. Voici un type de presse verticale (fig. 67) très employé pour le pressage
des acides gras.

On fait aussi souvent usage de presses hydrauliques horizontales, disposées comme celle que
nous allons voir plus loin pour le pressage à
chaud.

Il faut faire agir la presse d'une façon lente
et régulière, pour éviter que les jets d'acide
oléique ne viennent à crever le tissu.

La pression finale atteinte est de 200 000 kilo-grammes en moyenne. Les pains, qui avaient

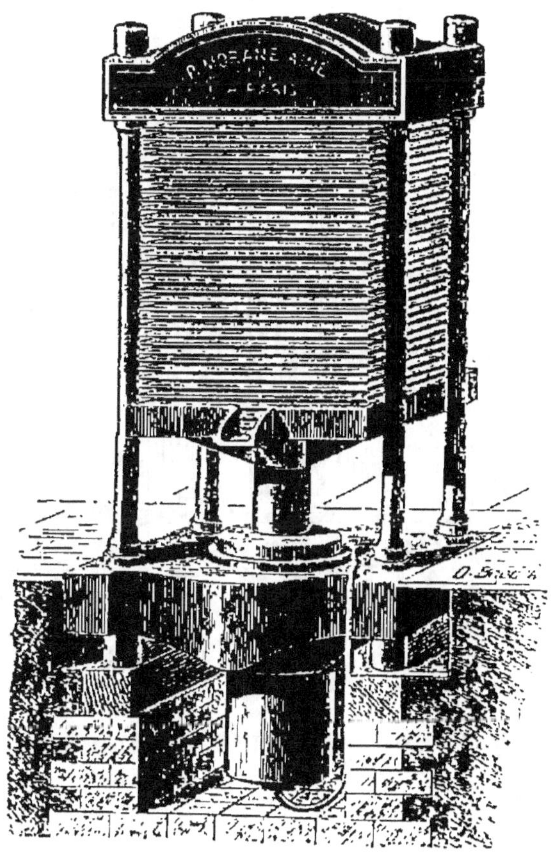

Fig. 67. — Presse verticale (Morane).

environ 5 centimètres d'épaisseur, n'en ont plus guère que la moitié.

On retire environ 45 %₀ d'acide oléique du

poids des acides employés; il en reste environ 10 % que l'on doit extraire autrement. Le pain d'acides gras a bien changé de couleur, mais il n'est pas encore assez blanc.

Au début de l'industrie des bougies stéariques,

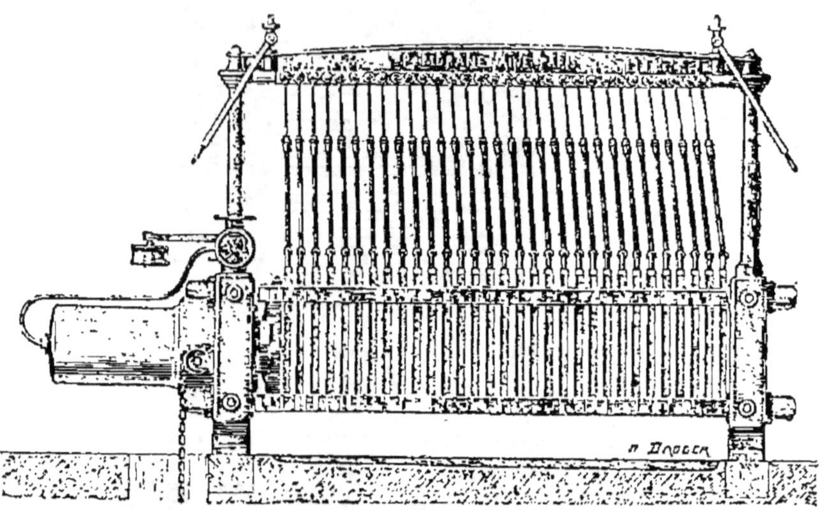

Fig. 68. — Presse à chaud horizontale (Morane).

on fabriquait des bougies un peu colorées avec ces acides gras.

Pressage à chaud. — C'est de Milly qui employa le premier les presses à chaud horizontales (fig. 68) destinées à enlever les dernières traces d'acide oléique. Depuis, ces machines ont reçu de nombreux perfectionnements.

La vapeur arrive par la poutre supérieure de l'appareil, et arrive aux plaques qui séparent les différents tourteaux d'acide stéarique par des tuyaux ayant un joint à rotule et un joint à glissement. La vapeur circule dans les plaques et les amène à la température que l'on veut.

Dans des appareils d'un autre modèle, on emploie une circulation d'eau chaude au lieu de vapeur. On opère, en général, à 35 à 40° centigrades, et la pression doit pouvoir atteindre environ 500000 kilogrammes. Il y a une soupape de sûreté réglée pour la pression maxima que l'on ne doit pas dépasser. Cette pression est peut-être encore plus délicate à bien conduire que la pression à froid.

L'acide oléique qui s'écoule des différentes pressions que nous venons de faire subir à la matière grasse est envoyé dans de grands réservoirs. Là, sous l'influence du refroidissement et du temps, une certaine quantité d'acides gras solides, qui avaient été entraînés, cristallisent. On peut les enlever par décantation simple, ou mieux par filtrage au filtre-presse.

Ces acides gras rentrent au commencement de la fabrication.

L'acide stéarique obtenu se présente sous la forme de galettes blanches, dures et sonores lorsque l'on frappe dessus. Le bord de ces galettes est presque toujours un peu jaune, à cause de la présence d'une petite quantité d'acide oléique.

Ces galettes portent aussi quelquefois à leur surface des traces d'oxyde de fer qui proviennent du fer des presses. Ces galettes sont ébarbées pour enlever cette partie jaune (qui repasse aux mouleaux et aide d'ailleurs bien à la cristallisation), puis elles sont fondues avec de l'eau contenant un peu d'acide sulfurique ou mieux d'acide oxalique, qui enlèvent les dernières traces de fer et chaux pouvant rester dans les acides gras.

Les sels de chaux empêchent les bougies de bien brûler.

Quelquefois on ajoute, vers 60-70°, un peu d'albumine aux acides gras ; en portant ensuite à 100°, cette albumine se coagule et tombe au fond, formant réseau et entraînant les impuretés.

L'inconvénient de ceci est qu'il reste quelquefois des traces d'albumine (blanc d'œuf) dans les acides gras, ce qui gêne la combustion.

Comme nous l'avons déjà dit, les acides gras pressés fondent à 54-55° (autoclavation). Palme distillée, 50-51°.

Si on veut obtenir des bougies ne fondant qu'à 57-58°, il faut faire une double pression à chaud (bougies d'exposition).

Margarine. — Pour la fabrication de la margarine comestible, on presse le suif neutre (généralement de rognons); la partie liquide qui s'écoule est l'oléo-margarine, le tourteau est du suif pressé. Lorsqu'on décompose en stéarinerie ce suif pressé et qu'on veut ensuite presser les acides gras pour extraire l'acide oléique restant, ceux-ci se pressent mal, on est obligé de leur ajouter des acides gras liquides (l'huile de lin à état d'acides gras est souvent employée à cet usage).

L'acide oléique, contenant de l'acide ricinooléique, est mauvais pour l'ensimage des laines. Il peut très bien servir dans la fabrication des savons, comme nous l'avons déjà vu.

En somme, pour obtenir une bonne cristallisation et un bon pressage des acides gras, il faut faire des mélanges.

VII. — Fabrication des mèches.

Les mèches sont presque toujours fabriquées en coton. Ces mèches sont composées de quatre-vingts à quatre-vingt-dix fils, et le retordage a lieu à trois brins plus ou moins serrés selon la qualité. On grille les mèches en les faisant passer dans une flamme d'alcool ou de gaz. La grosseur de la mèche n'est pas indifférente ; une mèche trop forte absorberait trop rapidement la matière fondue, la flamme serait exagérée et son alimentation se ferait dans de mauvaises conditions. Avec une mèche trop petite, on a l'effet inverse ; il se forme un rebord solide, et le godet, ainsi constitué, étant plein de matière liquide, finit toujours par couler.

Ces mèches en coton tressé, inventées par Cambacérès (1825), se recourbent bien, mais brûlent mal et charbonnent ; de Milly (1836) trouva le procédé actuellement employé. On trempe les mèches dans une solution contenant

1,5 % d'acide borique et 1/2 % de sulfate d'ammoniaque.

On les essore et on les sèche à l'étuve (fig. 69).

Les cendres deviennent fusibles grâce à l'acide

Fig. 69. — Essoreuses pour mèches à bougies (Morane).

borique, et la mèche brûle entièrement dès qu'elle arrive dans la partie extérieure chaude de la flamme.

En Russie et en Autriche, on met du phosphate et du sulfate d'ammoniaque; on a une courbure trop prononcée pour nous, la flamme étale.

VIII. — Mélange des bougies.

La difficulté qui a longtemps arrêté dans la fabrication des bougies, est l'obtention de bou-

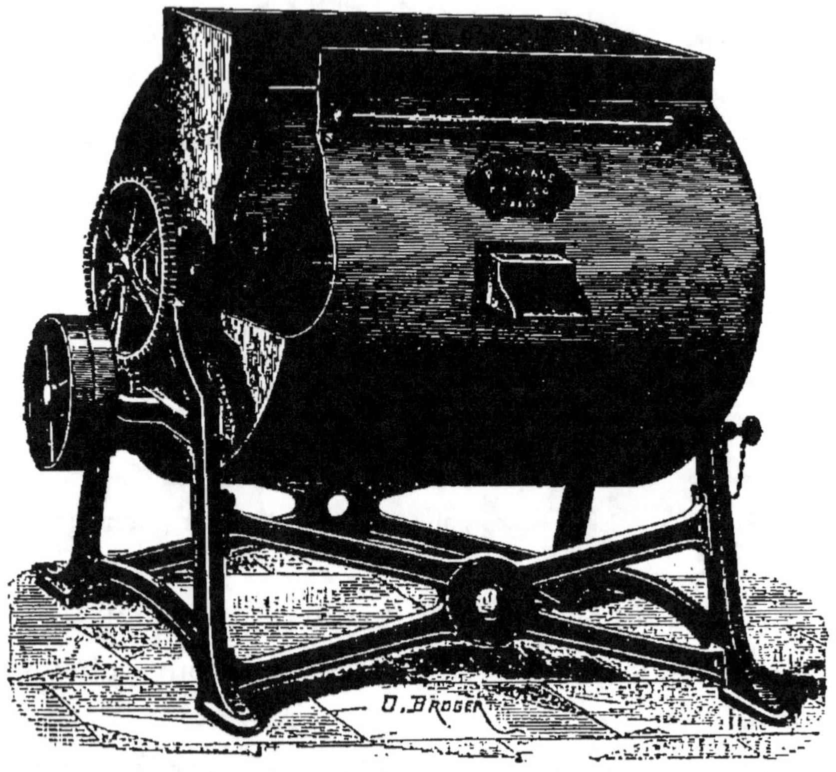

Fig. 70. — Agitateur (Morane).

gies bien lisses. On ajouta un peu d'acide arsénieux ; mais ce produit très vénéneux, se retrouvant dans les produits de la combustion, fut rapidement abandonné. On peut y arriver en mélangeant l'acide gras avec un peu de cire, mais ce procédé coûte cher. On y arrive très simplement aujourd'hui de la façon suivante :

L'acide gras n'est coulé dans les moules qu'au moment où il va se solidifier; on le brasse jusqu'au moment où il commence à prendre un aspect laiteux, soit à la main, ou mieux dans des agitateurs mécaniques (fig. 70).

L'acide stéarique est coulé dans des moules, à peu près à la même température que lui.

L'acide stéarique se rétractant beaucoup, il faut en verser un excès dans les moules pour être sûr que le moule soit bien plein ; cette masse d'acide stéarique de surplus porte le nom de masselotte.

Le moulage à la main n'est guère employé que pour certaines bougies spéciales, bougies de couleur, etc.

Les moules (fig. 71) sont faits d'un mélange d'étain et de plomb. Leur ouverture inférieure peut être fermée, soit par un robinet qui sert en même temps de coupe-mèches, soit par un petit fausset en bois. La mèche est enfilée et maintenue bien au milieu du moule par un petit disque évidé que l'on place dessus et qui porte un trou au milieu. La mèche y est fixée par un nœud.

On chauffe les moules vers 50º, puis on y coule l'acide gras laiteux, avant que la masselotte ne se solidifie; on y introduit des poignées en métal

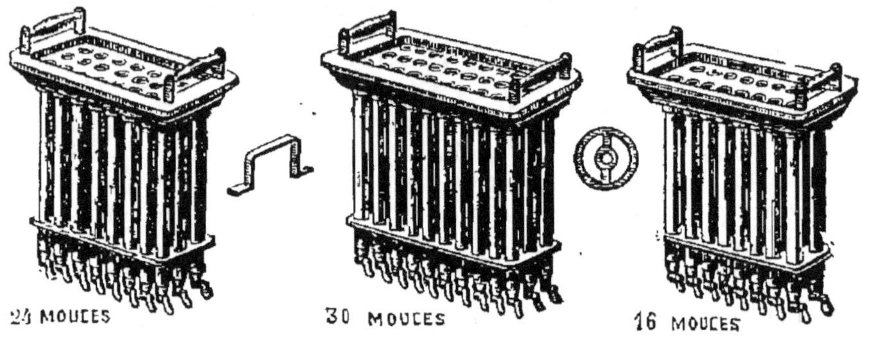

Fig. 71. — Porte-moules à bougies à robinet (Morane(.

sur lesquelles elle se figera, et qui permettront de retirer masselotte et bougies après le refroidissement.

Ce procédé très lent est, sauf dans des cas particuliers, remplacé par l'emploi de machines.

Ces machines (fig. 72) sont presque toutes basées sur le même principe, d'abord l'enfilage continu des mèches. Celles-ci sont placées sur des bobines; lorsque la bougie se soulève, la bobine se déroule et la mèche vient regarnir le

moule. On la fixe à la partie supérieure du
moule au moyen d'un appareil spécial et on la
coupe. Les bougies sont repoussées à la partie
supérieure, au moyen de tiges, dont l'extrémité

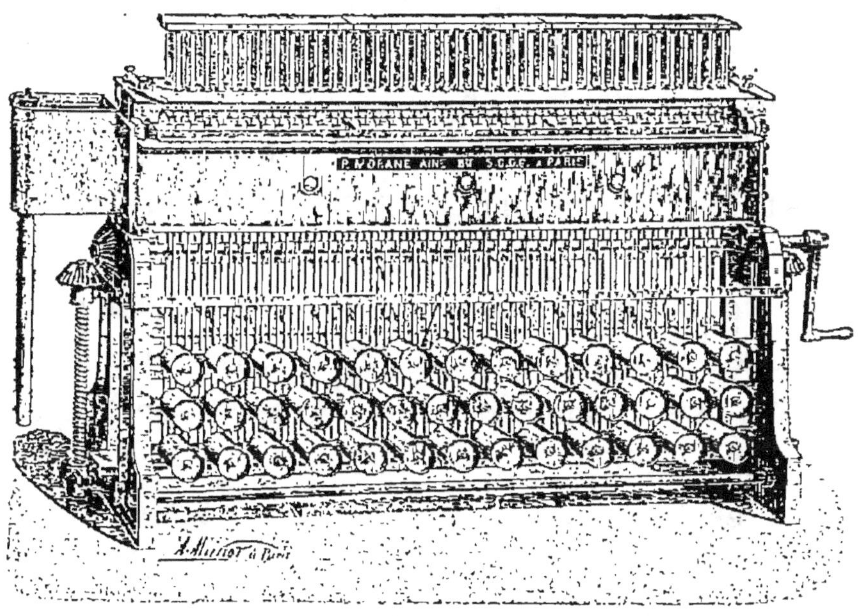

Fig. 72. — Parisienne universelle (Morane).

forme la tête de la bougie et qui pénètrent
toutes ensemble dans les moules. Le mouvement
leur est donné par une manivelle située sur le
côté.

Ces machines comportent 50, 80, 100 moules.

Les moules sont situés dans une caisse où l'on
peut envoyer un courant d'eau chaude pour les

chauffer; pour activer le refroidissement, une fois l'acide stéarique coulé, on peut envoyer un courant d'eau froide.

Avec l'appareil que nous avons indiqué ici, on peut faire des bougies d'une longueur quelconque; la tête du repoussoir formant la tête complète de la bougie, et étant juste du diamètre intérieur du moule, il suffit de le remonter plus ou moins avant de couler les acides gras.

On a proposé (Cowper) de faire le démoulage à l'air comprimé; mais ce procédé nécessite de démouler chaque bougie successivement, il est moins rapide.

Les machines à mouler peuvent être disposées en cercle autour du réservoir à acide stéarique, ou bien on amène l'acide stéarique jusqu'à eux dans des récipients montés sur chariot.

IX. — Blanchiment.

Les bougies sont blanchies par exposition à l'air et à la lumière, dans de grandes salles vitrées, où elles sont à l'abri de la poussière.

Si on fait l'exposition à l'air libre, il faut laver et les essuyer.

On a essayé (Tresca-E'hali), en se basant sur la théorie de Chevreul, des couleurs complémentaires, de blanchir les bougies un peu jaunes, en mélangeant aux acides gras la couleur complémentaire du jaune, c'est-à-dire celle avec laquelle il donne du blanc, c'est un bleu violet (bleu d'aniline dissous dans l'éther); mais les bougies ainsi travaillées ont un aspect grisâtre qui se reconnaît facilement.

X. — Autre procédé de fabrication des bougies.

On a essayé d'autres machines (Allam) pour la fabrication des chandelles et des bougies, ces machines étant basées sur un principe absolument différent.

La matière à transformer étant à état solide, on la met dans un piston qui, agissant sur elle par pression, la force à sortir par un tube de la grosseur de la bougie. Un dispositif spécial permet à la mèche de suivre le mouvement.

C'est le principe des appareils employés pour fabriquer les tubes de plomb, ou encore des peloteuses-boudineuses à savon de toilette.

La baguette de matière grasse surtout est coupée aux longueurs convenables, puis elle est passée ensuite dans une machine à colleter qui lui fait la tête.

On ne peut opérer tout à fait froid, surtout si on a affaire à de l'acide stéarique; car, malgré la pression, la matière ne serait pas bien agglomérée, étant trop friable.

Des appareils basés sur ce principe n'ont pas donné de très bons résultats, le principal défaut étant celui que nous venons de signaler.

XI. — Rognage et polissage des bougies.

Les bougies, une fois démoulées, doivent ensuite être rognées exactement à la dimension qu'elles doivent avoir.

Il y a différents systèmes de machines à rogner; le plus généralement le rognage se fait au moyen d'une petite scie chauffée qui découpe la bougie (fig. 73 et 74).

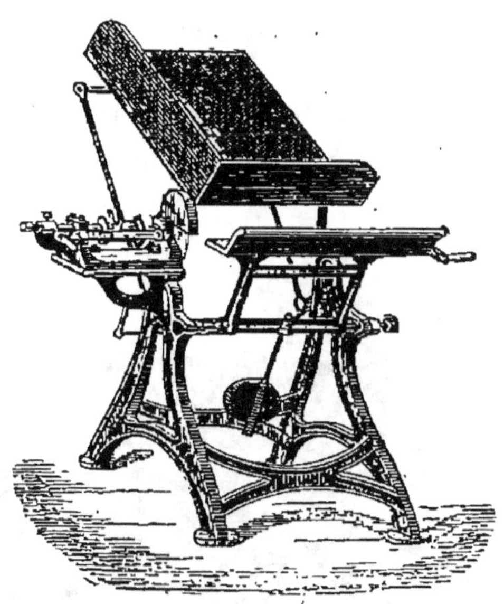

Fig. 73. — Machine à rogner les bougies (Morane).

Fig. 74. — Machine à rogner les bougies (Morane).

Toutes les bougies peuvent être rognées,
quelle que soit leur longueur.

Fig. 75. — Polisseuse à bougies (Morane).

Les bougies sont ensuite pressées dans des
polisseuses (fig. 75).

Les brosses rotatives, animées d'un mouvement de rotation très rapide, lustrent très rapidement les bougies soumises à leur action. Les
brosses n'appuient pas sur les bougies.

On marque les bougies soit à la main, soit le plus généralement au moyen de machines (fig. 76).

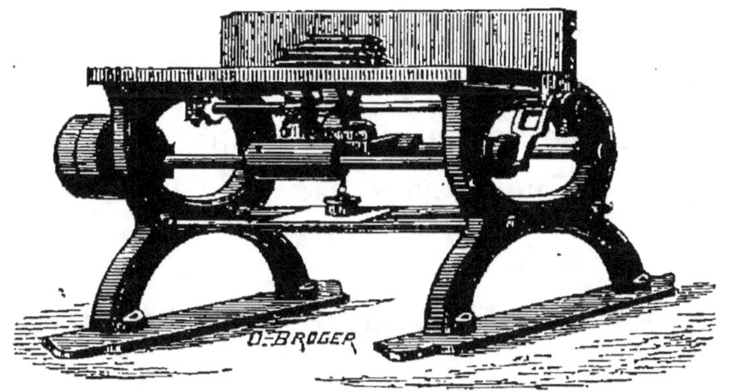

Fig. 76. — Machine à estampiller (Morane).

Cette machine, fonctionnant au moteur en général, permet d'estampiller environ 60 bougies à la minute.

Fig. 77. — Machine à rogner, lustrer, marquer (Morane).

La marque est légèrement chauffée par une petite lampe située dessous.

Souvent, les différentes opérations se trouvent réunies en une seule machine (machine à rogner, lustrer, marquer) (fig. 77).

Cette machine réunit les avantages des différentes machines déjà vues.

XII. — Paquetage des bougies.

Les bougies sont mises en paquet ; chacun des paquets doit peser 500 grammes. La régie appose des bandes sur les paquets de bougies, après acquittement par paquet d'un impôt de 15 centimes. Les bougies sont enveloppées dans du papier très fin, dit papier de soie, recouvert d'une enveloppe en carton.

XIII. — Bougies spéciales,

On appelle bougies composites des bougies formées en ajoutant à l'acide stéarique d'autres produits de qualité inférieure, provenant par exemple du coprah, palmiste, etc.

Quelquefois on fait des bougies robées ; celles-ci se fabriquent en deux parties : le cylindre extérieur en acide stéarique de bonne qualité, puis ensuite on vient remplir le centre de matières inférieures.

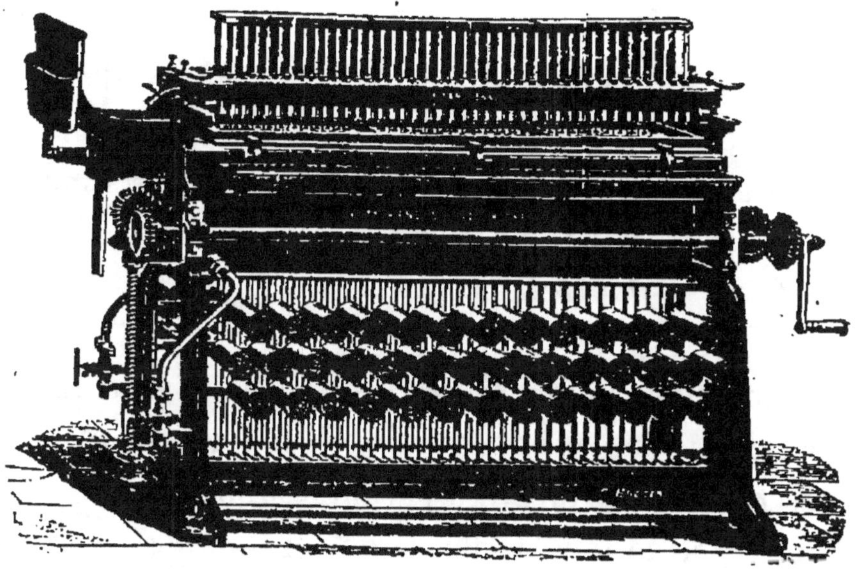

Fig. 78. — Machine pour bougies à trous (Morane).

Bougies à trous. — Ces bougies, dont on emploie beaucoup à l'heure actuelle, sont faites au moyen de machines spéciales (fig. 78).

L'excédent de matière grasse coule par les trous, et les bougies ont moins tendance à couler.

Bougies colorées. — Ces bougies sont souvent fabriquées avec des matières de qualité inférieure ; même quand elles sont de bonne qualité, la matière colorante empêche que la mèche ne brûle bien.

Vert. — Stéarate de Cu ou le vert de Schweinfurth.

Rouge. — Orcanette, cinabre, rouge d'aniline, etc.

Jaune. — Chromate de Pb, rocou, curcuma, etc.

Bleu. — Outremer.

Bougies de parafine. — Ces bougies transparentes ont presque complètement remplacé les bougies de cire. La parafine subit, elle aussi, une contraction. Il faut que les moules soient chauffés à 60-70°, au moment où on la coule ; il faut ensuite un refroidissement très brusque.

Il faut diminuer d'un cinquième le nombre de fils composant la mèche, à cause de la fluidité de la parafine. Comme le pouvoir éclairant de la parafine est plus grand, la bougie conserve encore un pouvoir éclairant égal à celui d'une bougie d'acide stéarique de même dimension.

Généralement, la parafine est mélangée aux acides gras en la proportion de 5, 10, 15, 20 %, les bougies ont alors l'aspect de la cire.

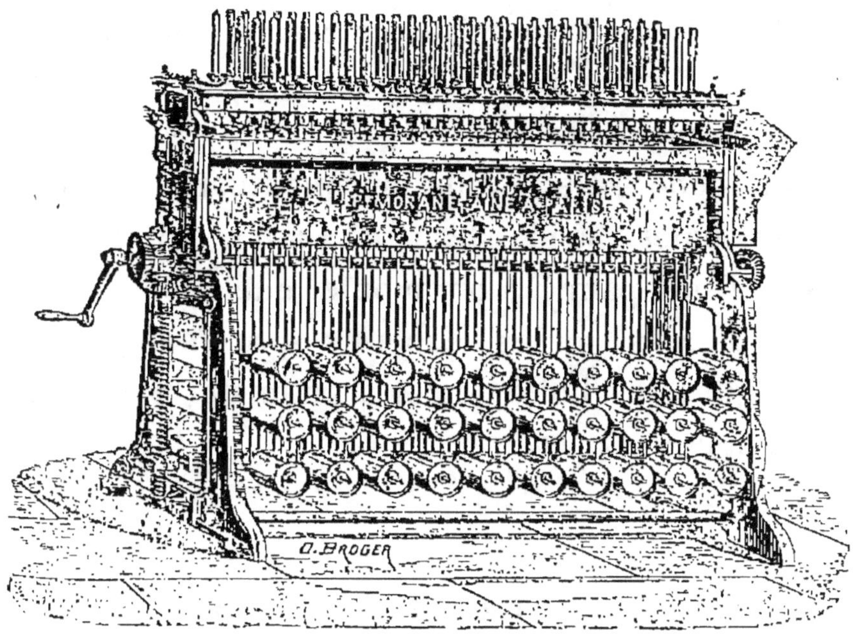

Fig. 79. — Machine à bougies de parafine (Morane).

Ces bougies se font dans des machines spéciales (fig. 79).

Pour fabriquer des bougies, il n'est pas nécessaire d'avoir toute l'installation complète nécessaire à la transformation des matières neutres en acides gras, puis à l'extraction de l'acide stéarique. En effet, la stéarine ou acide stéarique est un article commercial que l'on peut se procurer avec facilité (France, Hollande, Allemagne, etc.). Il suffit d'avoir un matériel de coulage de bougies pour pouvoir fabriquer.

Il est évident que, dans ce cas, le bénéfice est moindre, mais peut néanmoins présenter une opération intéressante.

En dehors des produits constituant la base des bougies : acide stéarique (suif), palmitique (huile de palme), on ajoute quelquefois des acides gras moins concrets provenant, par exemple, de l'huile de coco, palmiste, etc., qui diminuent le prix.

XIV. — Analyse des bougies.

Recherche de la parafine. — On saponifie 6 à 7 grammes de bougie avec une lessive de potasse et on précipite avec un excès de chlorure de calcium. On sèche le savon calcaire et on l'épuise par l'éther de pétrole. On distille ensuite celui-ci, et le résidu représente la parafine.

Recherche de l'arsenic. — On fait brûler une bougie pendant une heure dans une allonge dont les parois sont humectées d'eau, et on recherche l'arsenic par l'appareil de Marsh.

Matières grasses de qualité inférieure. — Dans les bougies composites, il peut y avoir des matières inférieures, du suif non déglycériné.

En dosant l'acidité de 5 grammes de matière brute ou de matière après saponification et décomposition par un acide, on se rendra compte s'il y a des matières neutres.

La diminution du titre des acides gras indiquera aussi que l'on ne se trouve pas en présence d'acide stéarique pur, etc.

APPENDICE.

APPENDICE

————*————

SAVONNERIE — STÉARINERIE

Par A. HALLER

MEMBRE DE L'INSTITUT (ACADÉMIE DES SCIENCES)
PROFESSEUR A LA FACULTÉ DES SCIENCES DE PARIS [1]

————+*+————

L'industrie du savon, si simple en apparence, a été l'objet de bien des discussions et de bien des controverses, et, aujourd'hui encore, certaines pratiques suggérées par la concurrence étrangère ont soulevé de nouveaux dissentiments.

Abstraction faite des incidents sans cesse provoqués par la sophistication, ce fut d'abord une

[1] Extrait du volume : *Les Industries chimiques et pharmaceutiques à l'Exposition de 1900*, par A. HALLER. Paris, libr. Gauthier-Villars.

lutte ardente et passionnée entre les partisans du savon blanc cuit, unicolore, et ceux qui défendaient le bleu ou marbré. Cette lutte, qui commença vers 1850 à la suite de l'introduction dans la savonnerie des huiles de coprah et de palmiste, pour la fabrication du savon blanc, est aujourd'hui calmée et s'est terminée par la victoire des blancs cuits.

Les pratiques essentielles de la savonnerie étaient connues bien avant les travaux de Chevreul sur la constitution des corps gras, et les recherches de l'illustre chimiste n'ont eu d'autre effet que de fournir une interprétation rationnelle du mécanisme de la saponification, et de donner une définition scientifique du savon. Grâce à Chevreul, on sait que les savons, dont le type est le savon d'huile d'olive, sont des sels des acides gras à composition parfaitement définie, au même titre que les nitrates, les benzoates, les acétates, etc., et qu'avec un même corps gras, on obtient toujours le même produit contenant une quantité d'eau de constitution ou de cristallisation constamment identique à elle-même, si l'on opère selon les règles établies par une fabrication loyale et honnête.

Qu'il soit marbré ou unicolore, le savon fabriqué par le procédé à la grande chaudière, avec du suif ou de l'huile d'olive et de la soude caustique, renfermerait :

Acide gras (palmitique, oléique, stéarique). . 60 p. 100.
Soude combinée.   7
Eau . . . . 32 à 33

Bien entendu, cette composition peut changer avec la nature des corps gras employés pour la fabrication du savon, et dans ce cas l'eau normale peut descendre jusqu'à 23 et même 20 %, tandis que les acides gras peuvent atteindre 70 %. Le mélange de ces acides, au lieu d'être uniquement composé d'acides palmitique, oléique et stéarique, comme c'est le cas de l'huile d'olive et du suif, peut renfermer des acides butyrique ($C^4H^8O^2$), caproïque ($C^6H^{12}O^2$), caprylique ($C^8H^{16}O^2$), caprinique ($C^{10}H^{20}O^2$), laurique ($C^{12}H^{24}O^2$), myristique ($C^{14}H^{28}O^2$), arachique ($C^{20}H^{40}O^2$), palmitique, stéarique, oléique, érucique, etc., dont les sels alcalins n'ont pas la même teneur en sodium ou potassium et ne sont *pas nécessairement susceptibles d'absorber la même quantité d'eau, dans les conditions où se fait la saponification.*

PUGET. Savons et bougies.   10*

C'est ainsi que le caprinate de soude, dont l'acide fait partie intégrante de l'huile de coco, renferme 11.85 °/₀ de sodium, alors que le sel de sodium de l'acide stéarique en contient 7.51 °/₀, et que celui de l'acide arachique, dont le glycéride existe dans l'huile d'arachide, en comporte 6.8 °/₀.

L'introduction dans la savonnerie de corps gras autres que les suifs et les huiles d'olive, a donc amené à la production de savons dont la composition s'écarte des chiffres indiqués plus haut. Les huiles d'arachide, de coprah et de palmiste, sont de ce nombre. Elles produisent un savon moussant abondamment, mais qui, fabriqué dans les conditions normales, ne s'hydrate pas au-dessus de 18 °/₀.

Il résultait, de ce fait, un manque de rendement et une élévation de prix de revient qui rendaient la lutte difficile avec le savon marbré ; les fabricants eurent alors la pensée d'amener leur nouveau produit à la quantité maxima d'eau pouvant être contenue dans le savon type, soit 35 p. 100, par une opération déjà connue, dite *augmentation*, et qui était considérée par eux, non pas comme une fraude, mais comme un procédé complémentaire, obligatoire, pour rendre leurs produits vendables.

L'augmentation se pratique comme suit :

Après la liquidation, c'est-à-dire quand la fabrication est entièrement terminée, la pâte savonneuse est transvasée dans une autre chaudière où l'on a préalablement introduit l'eau d'augmentation. On brasse vigoureusement et on arrive d'autant plus aisément au résultat poursuivi que le savon à base d'huile concrète, qui ne s'hydrate qu'à 28 p. 100 en suivant le procédé normal, supporte une augmentation presque indéfinie. Balard dit, dans un rapport de 1855, que « rien ne limite la quantité d'eau », et nous nous souvenons d'avoir analysé des savons qui en contenaient jusqu'à 75 p. 100. Ce système ne constitue, du reste, pas une invention et on n'avait pas attendu la découverte des huiles concrètes, pour pratiquer l'augmentation sur une vaste échelle, soit en Italie, soit en France. Dès le commencement du XVIIe siècle, les Génois s'y livraient avec entrain, et l'édit de Louis XIV, en 1688, avait pour but d'en arrêter l'élan en Provence.

(Charles Roux.)

Ainsi, comme on le voit, ce sont les fraudes par augmentation commises de tout temps avec le savon unicolore, fraudes auxquelles ne se prêtent point les savons marbrés, qui ont provoqué et entretenu la lutte entre les partisans des premiers et ceux des seconds.

Pour bien saisir les raisons pour lesquelles le savon marbré ne se forme qu'à un moment précis de la série des opérations, nous allons donner la description du procédé dit *à la grande chaudière,* tel qu'il est décrit dans le remarquable rapport de Charles Roux.

Ce procédé consiste à mettre graduellement en présence

du corps gras assez de lessive pour en déterminer le dédoublement et la saturation.

Dans la première opération, appelée *empâtage*, le corps est émulsionné par une lessive de soude à 10 degrés avec ébullition prolongée. Lorsque l'émulsion est complète, que la pâte est homogène et suffisament serrée pour ne laisser passer aucun indice de corps gras non amalgamé, on arrête le feu et on introduit une lessive alcalino-salée de 15 à 18 degrés.

Le sel sépare la pâte de son excès d'eau et des divers corps étrangers qu'elle contient. La partie liquide, ainsi séparée, étant plus lourde que la pâte, tombe au fond de la chaudière et est rejetée au dehors. C'est le *relargage*. La pâte ainsi dégagée devient apte à recevoir les lessives alcalino-salées de 25 à 28 degrés jusqu'à la saturation complète. C'est la *coction*.

Enfin, l'impossibilité matérielle, quand on agit sur de grandes masses, d'arriver à une saturation complète sans tâtonnement, nécessite l'emploi d'un excès d'alcali dont il faut dépouiller le savon. C'est la raison d'être de la dernière opération qui a reçu le nom de *levée de cuite,* s'il s'agit du savon marbré; *de liquidation,* s'il s'agit de savon unicolore.

Au moment de la levée de cuite, la pâte du savon marbré présente un aspect bleu grisâtre, parce qu'on a eu soin d'introduire du sulfate de fer [1] dans le but de faire ressortir la

---

[1] Il serait très intéressant de savoir à quelle époque cette addition a été pratiquée, si elle a été faite sciemment dans le but d'obtenir un savon de composition toujours constante, dont la marbrure serait un critérium de pureté, ou si elle n'a pas eu uniquement pour but de conserver la couleur et l'aspect du savon primitivement obtenu avec des cendres brutes et renfermant des matières terreuses qui, elles, ne pouvaient manquer de donner lieu à des marbrures rougeâtres. Dans le *Dictionnaire encyclopédique,* de Diderot (1779), il est déjà question de la couperose pour obtenir le savon bleu, et de terrée de cinabre pour obtenir le marbré rouge.

marbrure. Cette opération consiste à verser dans la chaudière des lessives successivement de plus en plus faibles, et de brasser fortement, jusqu'à ce que le grain soit suffisamment tuméfié et indique que l'eau normale de composition est absorbée. *Il y a un point à saisir en deçà et au delà duquel il y a insuccès manifeste.*

La liquidation du savon unicolore s'obtient comme suit : lorsque, par des additions de lessives faibles, on fait descendre à 10 degrés le titre de la lessive qui imprègne la pâte, la marbrure ne peut plus se produire, parce que la portion dissoute tombe au fond de la chaudière, entraînant avec elle les matières étrangères et colorantes, et constitue ce qu'on appelle le *gras*. . . . .

Si le savon unicolore a été liquidé et levé sur son gras, il ne contiendra invariablement que son eau normale de composition, soit 32 à 33 p. 100 [1]. Pour lui faire absorber un excédent d'eau, il faut, quand l'opération est terminée, transvaser la pâte dans une autre chaudière, et, par des manipulations étrangères au procédé, le surcharger de cet excédent.

Il résulte de cette citation que le conflit qui a agité pendant si longtemps la savonnerie marseillaise n'a eu d'autre but, de la part des défenseurs du marbré, que de fermer la porte à toute tentative de fraude par *augmentation*. Par le seul fait qu'un savon est bien marbré, l'acheteur sait qu'il ne contient pas plus de 34 % d'eau.

---

[1] Ceci s'entend lorsqu'on a affaire à un savon de suif. D'autres savons faits avec des huiles concrètes ne prennent normalement que 20 à 28 p. 100 d'eau.

Il y a naturellement d'autres fraudes possibles, comme l'addition de talc, de plâtre, de sulfate de baryte; elles sont grossières et faciles à déceler.

Le mobile qui a guidé les défenseurs de l'antique spécialité marseillaise, tout honorable qu'il fût, ne pouvait cependant empêcher certains consommateurs de trouver le savon unicolore et normal plus à leur goût et aussi plus conforme aux usages auxquels ils le destinaient, d'autant plus que le fait de la marbrure implique nécessairement la présence d'une impureté dont l'effet, s'il est souvent nul, ne manque pas de présenter parfois de graves inconvénients.

Aussi, malgré tout, la consommation du savon unicolore n'a-t-elle cessé de progresser. Les chiffres suivants sont très éloquents à cet égard.

Production des savons marbrés et des savons unicolores dans la région marseillaise.

	Savons marbrés.	Savons blancs.
	kilogrammes.	kilogrammes.
1866.	50,000,000	5,000,000
1878.	48,472,804	38,445,975
1888	25,000,000	60,000,000
1895.	32,850,000	84,000,000

En 1898, la France entière a produit 300 millions de kilogrammes de savon, dont 30 millions seulement de savon bleu pâle et bleu vif. Sur ce chiffre, la savonnerie marseillaise a produit 140 millions de kilogrammes. Le savon de liquidation a donc recueilli la faveur générale.

Est-ce à dire qu'il n'y a plus de progrès à accomplir dans cette industrie? Nous sommes loin de penser qu'elle est arrivée à sa perfection. En ce qui concerne le passé, nous avons, dans tous les cas, été frappé de la faible part que cette industrie, éminemment provençale, a prise dans l'évolution de la science des corps gras et de ses dérivés durant le siècle qui vient de s'écouler. De l'aveu même de ses représentants les plus éminents, le procédé à la grande chaudière est connu de longue date et n'a guère reçu de modifications dans le cours du siècle. Les différents stades du procédé sont d'ailleurs toujours observés de la même manière, c'est-à-dire empiriquement; on n'a pas la curiosité de chercher, balance, liqueurs titrées ou réactifs indicateurs en main, les réactions chimiques qui se passent dans les diverses étapes du processus qui doit aboutir au produit final cherché.

Pourvu qu'on obtienne ce produit, comme l'ont obtenu les devanciers et avec le même rendement !

Non seulement on ne participe pas d'une façon effective à ce grand mouvement scientifique qui est une des caractéristiques de la longue période comprise entre la Révolution et l'époque actuelle, mais on semble même ignorer ce qui se fait ailleurs. On s'en tient au travail de Chevreul. Tout magistral qu'il soit, ce travail ne comprend pas et n'a pu embrasser l'étude de tous les corps gras. La grande variété de ces corps qu'un commerce avisé a su attirer, depuis quelques années, dans le port de Marseille, désignés qu'ils ont été par l'homme plein d'initiative désintéressée et de haute intelligence qui a fondé l'Institut colonial, comportait une autre étude que celles auxquelles ils ont été soumis.

Une densité d'huile, la chaleur dégagée par l'addition d'acide sulfurique à un corps gras, l'indice de la saponification, voire même le point de solidification et le poids spécifique des acides gras, sont des constantes qui ont quelque intérêt quand elles doivent servir à la caractérisation rapide, industrielle des matières. Mais, pour être vraiment utiles, pour inspirer confiance, il faudrait au moins que ces constantes, prises par différents expérimentateurs, fussent concordantes.

Tel n'est pas toujours le cas, soit qu'il y ait des différences dans les modes opératoires, soit que les échantillons, mis à l'essai, n'aient pas toujours la même composition, ce qui ne saurait nous surprendre. On s'est, en effet, habitué à l'idée que chaque corps gras, d'une origine déterminée, doit toujours être identique à lui-même et ne jamais varier dans sa composition. La chose serait vraie, si les huiles, les graisses étaient constituées par une seule espèce chimique, par un seul glycéride. Or on sait, au contraire, que plusieurs sortes de glycérides concourent à la formation des corps gras les plus connus.

Rien n'empêche donc que les proportions de ces différents principes varient d'une année, ou d'une région à l'autre, et qu'elles ne soient soumises aux fluctuations diverses auxquelles sont sujets tous les produits que nous tirons de nos récoltes.

Grâce aux études délicates et suivies dont les

huiles essentielles ont été l'objet dans ces dernières années, on connaît maintenant leurs principaux constituants, et on sait aussi que tout
en existant invariablement dans les essences,
quelles que soient les conditions de développement, de maturité et de récolte de la plante, ces
constituants peuvent varier en quantités d'une
année à l'autre.

La teneur en acétate de linalyle des essences
de lavande, par exemple, peut osciller d'une
récolte à la suivante de 30 à 40 $^0/_0$, pour la même
région, et l'écart peut être encore plus grand,
lorsqu'il s'agit de régions différentes.

Le même phénomène doit se présenter pour
les corps gras d'origine végétale et même d'origine animale.

Il s'agirait donc d'entreprendre l'étude systé-
matique et complète de tous les corps gras dont
la nature se montre si prodigue, d'en déterminer les principes constituants d'abord, puis les
proportions suivant lesquelles ces principes sont
mélangés. Cette caractérisation permettrait
ensuite de faire périodiquement l'analyse des
matières, de se rendre compte des fluctuations
de composition qu'elles subissent et d'effectuer

enfin la fabrication du savon, non pas au hasard
de l'empirisme, mais selon des bases scientifiques.

Procédé à la petite chaudière.

Nous ne citerons que pour mémoire cette
méthode de fabrication appelée aussi impropre-
ment *procédé à froid*. Ce procédé consiste à traiter les corps gras chauffés dans une chaudière
par de la lessive de soude, ajoutée en filet et
sans arrêt aucun, jusqu'à complète saponification.

Pendant toute la durée de l'opération, on sou-
met la masse à un fort brassage, d'où aussi le
nom de *savon brassé*, donné au produit. En
deux ou trois heures, on obtient du savon.

L'huile de coco, employée seule ou mélangée
à du suif ou à de l'huile de palme, se prête fort
bien à la fabrication de ce genre de produit qui
contient, outre la glycérine, toutes les impuretés de l'alcali et une quantité d'eau variable avec
la dilution de la lessive employée.

« Ces savons laissent toujours beaucoup à

désirer et se couvrent le plus souvent d'efflorescences salines. En aucun cas, leur maximum
d'acides gras ne peut excéder 45 à 50 %; quant
à leur minimum, il n'y a pas de limites. »

Le procédé à la petite chaudière emploie surtout les soudes caustiques logées en fûts de tôle
de fer et d'origine anglaise.

Savons de résine.

Ces savons de résine, dont il se fait une grande
consommation en Angleterre et en Amérique et
qui se fabriquent aussi en France, sont constitués
par des mélanges, en proportions variables, de
savons ordinaires et de résinates de soude obtenus par la dissolution de la colophane ou d'autres
résines dans la lessive.

Le savon de résine n'est d'ailleurs pas une
nouveauté, puisqu'au siècle dernier on connais-
sait, sous le nom de *Savon de Starkey,* un produit préparé en triturant de l'*alcali fixe végétal*
avec de l'huile de térébenthine. La formation du
savon de résine, dans cette opération, ne peut
s'expliquer que par la présence de colophane

dans le produit brut de la distillation de la gemme.

La colophane, comme la plupart des résines, renfermant, à côté d'un mélange d'acides résiniques (abiétique, pimarique, etc.) solubles dans les alcalis, une substance insoluble appartenant au groupe des *résènes,* les savons dans lesquels on a incorporé cette résine ne sauraient avoir les qualités propres au savon pur dit *de Marseille.* « On sait, en effet, que la résine introduite dans les savons communique à la laine, au coton, à la soie, un luisant graisseux nuisible à l'apprêt, au mordançage et à la teinture. D'autre part, si dans les savons destinés aux usages domestiques l'on élève par trop la proportion de résine, la pâte a une couleur brune qui s'accentue encore au contact de l'air; de plus elle est molle ainsi que poisseuse et possède une odeur *sui generis.* »

En n'augmentant pas trop la proportion de résine et en restant dans de sages limites, on obtient néanmoins un produit très détersif, mousseux et se prêtant très bien aux lavages dans des eaux calcaires et salées. Le savon Sunlight, dont on fait grand bruit, rentre dans cette catégorie de produits. Nous trouvons, en effet, la formule suivante pour sa fabrication :

Suif	1,000 kilogr.
Graisse d'os.	1,000
Huile de graine ou de coco. .	500
Résine claire	375

Pour rendre ces sortes de savons plus utilisables et plus solubles dans l'eau de mer, on a préconisé l'addition de décoctions de *fucus crispus* (Lichen Carrageen). (Brevet anglais, n° 8090, du 1er mai 1900, délivré à MM. J. Rattaire et A. Cottard, Paris.)

Ainsi que nous le faisions remarquer plus haut, ces savons sont l'objet d'une fabrication très étendue de la part des savonniers anglais, américains et allemands. L'introduction de leur fabrication sur une grande échelle dans la région du Midi, où certains industriels les écoulent sous le nom de savons de Marseille, a provoqué une légitime émotion parmi les défenseurs des vieilles traditions qui ont fait le succès et la renommée de la savonnerie marseillaise.

Nous ne pouvons nous empêcher de trouver justifiées les craintes formulées par les représentants de ces traditions, et sommes d'avis qu'on doit réserver le nom de *savons de Marseille* aux produits du dédoublement, par des lessives caustiques de soude ou de potasse, des corps gras reconnus les plus aptes à la savonnerie. Toute substitution opérée sur les bases ou les acides constitutifs des savons ainsi obtenus devrait être désignée d'une façon spéciale : savons d'ammoniaque, de chaux, de baryte, de strontiane, de plomb quand on change la base; savons de résine, de silicates, de borates, quand on fait éprouver une modification totale ou partielle à la nature des acides.

Quant à la question de marque, elle est du ressort de l'industrie même qui l'a créée, et ne saurait être tranchée par des étrangers à cette industrie.

Dans la littérature chimique allemande, toutes les fois qu'il s'agit d'un savon contenant de la résine, il reçoit le nom de *Harzseife* (savon à la résine). Nous ignorons si cette appellation est imposée par la loi, ou si elle est simplement conforme aux usages commerciaux.

En Hollande, où les lois sur la savonnerie sont fort sévères, les fabricants ont réussi, il y a une vingtaine d'années, à faire admettre que la résine serait désormais comptée comme matière grasse.

Quoi qu'il en soit, le savon à la résine répond à certains usages bien déterminés; sa fabrication ne saurait donc être entravée sans porter une grave atteinte à la liberté industrielle et aussi à des intérêts considérables. Il suffira de trouver un terrain où toutes les parties en cause puissent s'entendre. En prenant de l'extension, elle pourra même avoir une répercussion heureuse sur une autre industrie fort importante du Midi, nous voulons parler de celle de la résine des Landes, qui ne manquera pas d'entrer dans une phase nouvelle, maintenant qu'elle se laisse inspirer par le laboratoire spécial de l'industrie des résines créé à l'Université de Bordeaux. La savonnerie qui emploie de la résine pourra peut-être obtenir d'elle que la colophane ne renferme plus de *résène*.

Savons à base d'oléine.

Savons unicolores préparés avec l'acide oléique provenant des stéarineries, auquel on ajoute des quantités déterminées de suif d'os ou de graisses de provenances diverses.

Savons au silicate.

Comme les savons résineux, les savons au silicate ont l'avantage de procurer une mousse abondante et se prêtent au savonnage dans les eaux calcaires ou salées.

Le silicate de soude dit « neutre », à 30-35° Beaumé, est seul employé ordinairement en savonnerie. Il convient pour les savons à l'huile de palme.

Ce savon ne peut servir pour les usages industriels et est exclusivement employé dans les blanchisseries.

Théorie de la saponification des corps gras.

Jusqu'à présent on admettait que, dans toute saponification d'un corps gras par une base, le dédoublement du glycéride s'effectuait totalement suivant l'équation :

$$C^3H^5 \left\{ \begin{array}{l} OCOR \\ OCOR \\ OCOR \end{array} \right. + 3NaHO = C^3H^5 \left\{ \begin{array}{l} OH \\ OH \\ OH \end{array} \right. + 3RCOONa.$$

(Glycéride.)   (Glycérine.)   (Sel de soude.)

Or, il résulte des recherches de M. Geitel et de M. Lewkowitsch que cette saponification est progressive, avec formation intermédiaire de diglycérides et de monoglycérides suivant les équations :

$$C^3H^5 \begin{cases} OCOR \\ OCOR \\ OCOR \end{cases} + \; NaHO = C^3H^5 \begin{cases} OH \\ OCOR \\ OCOR \end{cases} + \; RCOONa.$$

$$C^3H^5 \begin{cases} OCOR \\ OCOR \\ OH \end{cases} + \; NaHO = C^3H^5 \begin{cases} OH \\ OH \\ OCOR \end{cases} + \; RCOONa.$$

En résumé, tant que la saponification n'est pas totale, le mélange contient des triglycérides, des diglycérides, des monoglycérydes, de la glycérine et des sels d'acides gras.

STÉARINERIE

Si les travaux classiques de Chevreul sur les corps gras ont puissamment contribué à connaître la nature et la composition des savons, ils ont aussi eu pour effet direct de créer une industrie nouvelle, la stéarinerie.

Avant les recherches de Chevreul (1811-1823),

on n'employait, pour la fabrication des chandelles, alors en usage, que le suif dont on connaît trop les inconvénients comme agent d'éclairage.

Les premières tentatives pour utiliser l'acide stéarique pour la fabrication des bougies ont été faites par Chevreul et Gay-Lussac, qui prirent un brevet en 1825, pour l'extraction de l'acide stéarique du suif, par l'intermédiaire du savon de potasse. Mais c'est en réalité à de Milly (1832), de la maison de Milly et Motard, que revient le mérite d'avoir su trouver un procédé pratique d'opérer cette extraction, en substituant à la saponification au moyen de la potasse, la saponification par l'intermédiaire de la chaux. L'emploi de la mèche tressée, découverte et brevetée en 1825 par Cambacérès, contribua de son côté à rendre à la bougie stéarique les qualités qui lui sont connues.

Cette industrie, d'origine doublement française et par les recherches d'ordre purement scientifique qui lui ont donné le jour, et par les essais multiples et variés d'ordre pratique qui l'ont posée sur des assises solides et durables, s'est perfectionnée dans la suite, sans que le produit final, utilisable, l'acide stéarique, ait varié dans ses applications.

A la saponification calcaire, on substitua d'abord la saponification sulfurique, déjà indiquée par Chevreul, avec ou sans distillation subséquente des acides gras à l'aide de la vapeur (Fremy; brevets de W.-C. Jones et G.-F. Wilson, 1842; de G. Gwynne et G.-F. Wilson, 1844), puis la saponification à la vapeur d'eau surchauffée (Berthelot, Melsens, Tilghmann, 1859; brevet Wilson et Payne, 1854). Au cours de ces perfectionnements, on s'attacha également à modifier et à rendre plus économique la saponification à la chaux. C'est ainsi que de Milly réussit à abaisser considérablement la quantité de chaux grasse à employer; il arrive à la limiter à 3, puis à 2% du poids du corps gras mis en œuvre, au lieu de 14%, chiffre adopté à l'origine. La saponification calcaire, en vase clos, sous pression, à 2% de chaux, est le procédé actuel employé par un grand nombre de stéariniers.

Ce dernier mode de saponification, ou la saponification suivie de distillation sont les deux modes d'opérer actuellement appliqués. On donne la préférence à l'un ou à l'autre, suivant les produits que l'on veut obtenir, suivant les matières premières adoptées, suivant enfin les exigences des débouchés commerciaux.

On ne se borne point à employer le suif, mais on utilise en grand dans les stéarineries d'autres huiles concrètes, comme celles de palme, de coco, la graisse d'os, les déchets d'abattoirs, etc.

Glycérine.

Nous ne parlerons pas de l'extraction et de la distillation de la glycérine, qu'elle provienne des stéarineries ou des savonneries.

La savonnerie française s'est laissé distancer par l'étranger pour la fabrication de la glycérine. Sans doute, l'emploi de la soude brute Leblanc, pour la préparation de ses lessives et la production de savons marbrés, rendait les eaux glycérineuses inutilisables pour l'extraction de la glycérine. Aussi faut-il espérer que la substitution graduelle de ces lessives par des soudes ou des lessives caustiques que fournit l'industrie à un grand état de pureté, ne tardera pas à se généraliser et qu'on pourra ainsi récupérer la majeure partie de la glycérine des savonneries.

Beaucoup de maisons opèrent dans cette voie. Il existe des sociétés spéciales qui ont pour but de réunir les eaux glycérineuses des savonneries afin d'en extraire la glycérine et de la purifier.

La consommation de la glycérine ayant une tendance à augmenter de jour en jour davantage, il importe que les différentes industries qui l'emploient ne soient pas tributaires de l'étranger et puissent la trouver aux sources mêmes où elle est produite.

HUILES VÉGÉTALES ET ANIMALES

Les corps gras, abstraction faite de ceux qui entrent dans la consommation, ne trouvent un véritable emploi industriel que dans la savonnerie et la stéarinerie.

Sans doute, en raison de leurs qualités spéciales, certaines huiles comme celles de pieds de bœuf, de pieds de mouton, trouvent encore leur application dans le graissage de quelques organes délicats de machines-outils de précision et des machines à coudre par exemple. Mais, dans leur ensemble, elles sont remplacées par des huiles et des graisses minérales, dont les propriétés se prêtent mieux à cet usage et qui, d'autre part, sont d'un prix beaucoup moins élevé.

Le développement donné à la savonnerie et à la fabrication des bougies stéariques a eu pour conséquence celui dont furent l'objet les huileries. Les matières grasses produites sur le continent sont, en effet, loin de suffire aux exigences de l'industrie actuelle. On s'est donc efforcé de tirer parti des graines et autres produits oléagineux, que la nature, dans sa fécondité, essaime sur toutes les parties du globe et sous toutes les latitudes.

Aux huiles de palme, de coco, employées dès la fin de la moitié du siècle dernier, ont succédé les huiles de sésame, d'arachides, de coton, etc., pour ne citer que les plus importantes.

On fait payer des droits d'entrée à des huiles de coton, de sésame, d'arachides, etc., employées par la savonnerie, sous prétexte de favoriser la culture du colza, de l'œillette, dont les huiles ne sauraient répondre aux exigences de la fabrication d'un savon marchand, ce qui nous paraît une grosse erreur de la part de nos législateurs.

La savonnerie française produit annuellement environ 300 millions de kilogrammes de savon, valant près de 140 millions de francs. Cette production nécessite l'emploi de plus de 180 millions de kilogrammes de corps gras parmi lesquels les huiles concrètes de coprah, de palmiste, de mowrah, les huiles fluides (dites *de graines*), de sésame, d'arachides et de coton, forment l'appoint le plus considérable.

Or, parmi ces corps gras, ce sont les plus importants, au point de vue de la savonnerie, qui ont été imposés. (E. BARON fils.)

Tarif des droits de douane établis sur les huiles de coton, de sésame, d'arachides, employées par la savonnerie.

Angleterre..	Exemptes.
Belgique	Exemptes.
Suisse	1 franc par 100 kilogr.
Pays-Bas.	1 fr. 15 par 100 kilogrammes au tarif conventionnel.

Autriche-Hongrie. . .   2 francs par 100 kilogrammes pour les huiles dénaturées sous le contrôle de la douane.

Allemagne . . . . . .   2 francs par 100 kilogrammes pour les huiles de coton dénaturées sous le contrôle de la douane.

États-Unis d'Amérique.   Exemptes. (Art. 568 du *bill Dingley*. — Toutes les huiles ou corps gras destinés à la savonnerie ou à l'industrie des cuirs entrent librement.)

France . . . .   6 francs par 100 kilogrammes en poids brut, soit sur le poids net en tenant compte de la tare, 7 fr. 20 par 100 kilogrammes.

Comparés à ceux que subissent les huiles à l'entrée des autres pays, ces droits mettent à des degrés divers notre industrie dans un état d'infériorité manifeste vis-à-vis des fabricants des autres nations, qui la concurrencent sur le marché étranger.

Par le fait de cette imposition, le savon français est frappé d'environ 10 $^0/_0$ de sa valeur.

« Les tarifs de douanes actuels sont très nuisibles à la prospérité de l'industrie française de la savonnerie, puisque, malgré notre ancienneté et notre réputation, l'exportation française se maintient péniblement aux chiffres de 10 à 12 millions de kilogrammes pendant les quatre dernières années (Algérie non comprise), alors que l'exportation de la savonnerie anglaise, notre principal concurrent qui ne date que de quelque dizaines d'années, a passé de 29 millions de kilogrammes en 1894 à 37 millions de kilogrammes en 1897. »   (BARON.)

AUTRICHE

Ce ne fut qu'en 1831 que l'invention de la saponification calcaire de *de Milly* en permit l'exploitation en grand. Gustave de Milly installa à Vienne, en 1837, une fabrique de bougies; celle-ci fut transformée plus tard en une société par actions. La bougie supplanta bientôt le cierge si coûteux.

En 1840, 12 savonneries se coalisèrent en formant la première association savonnière de l'Autriche, qui, sous le nom de fabriques de bougies « Apollo », devint rapidement une des plus grandes entreprises dans ce genre. L'emploi de l'acide stéarique solide, de la paraffine et de la cérésine rendit possible une plus grande extension de l'industrie des bougies, qui naturellement réagit favorablement sur la production du savon.

ESPAGNE

La savonnerie et la stéarinerie espagnoles n'ont certainement pas l'importance que possèdent celles de France et d'Angleterre; mais, étant donné le développement qu'a prise en Espagne l'industrie des toiles et tissus imprimés, et eu égard aussi au mouvement de rénovation qui s'est emparé de ce pays privilégié, il est certain qu'il ne tardera pas à monter et à augmenter ces fabrications de façon à être en mesure de s'affranchir de l'étranger. Comme ses voisins, il possède une des matières premières en suffisante quantité; et si, pour la seconde, il est encore tributaire des autres pays, le moment n'est pas loin où il saura produire lui-même cet article de première nécessité, qui, avec l'acide sulfurique, forme en quelque sorte la base de toute industrie. Sel et houille ne lui font, du reste, pas défaut, pas plus que les capitaux nécessaires à la construction et à l'organisation d'une soudière à l'ammoniaque qui formera le complément indispensable des grandes fabriques à acide sulfurique qui existent déjà à Bilbao.

ÉTATS-UNIS

Bien que les industries de la savonnerie et de la stéarinerie soient relativement très développées aux États-Unis, leur production ne suffit pas encore aux besoins grandissants de la consommation. Les savons et bougies stéariques sont, en effet, des objets d'importation assez conséquents, et ce sont en particulier les nations européennes qui concourent à cette fourniture, tandis que l'Amérique nous envoie en retour de notables quantités de matières grasses et principalement de l'huile de coton. C'est en effet l'huile qui nous est expédiée, car les graines de coton d'Amérique, pour des raisons multiples : constitution de la graine qui ne peut se dépouiller entièrement de son duvet, éloignement des lieux de production des ports d'embarquement

rendant son prix de revient prohibitif, échauffement rapide de la graine en cours de route
qui, dans les expériences faites, a détruit jusqu'à 85 % de la marchandise, cette graine pour
toutes ces raisons ne peut être importée d'Amérique. Le commerce de cet article avec la France
est devenu assez important dans ces dernières
années. De 1,952 tonnes qu'il était en 1887, il
est monté à 69,551 tonnes en 1899. Ainsi, sur les
73,000 tonnes d'huile de coton, représentant
20,403,934 francs, que notre pays a consommées
en 1899, les États-Unis ont fourni près de
70,000 tonnes.

La France a en retour importé aux États-
Unis, pendant la même année, 304 tonnes de
savons ordinaires, sans compter les savons de
parfumerie. Ce chiffre est de beaucoup inférieur
à celui de 1887, par exemple, qui s'est élevé à
556 tonnes.

On observe une diminution du même genre
dans nos exportations de glycérine, qui sont
tombées à 1,968 tonnes en 1896 alors qu'elles
étaient de 2,154 tonnes en 1887.

Ces chiffres sont un indice des progrès inces-
sants que fait l'industrie de la savonnerie en

Amérique. Il est probable que celle de la stéarinerie suivra un développement parallèle. Depuis la création des soudières de Syracuse, dans l'État de New-York, de Détroit, dans l'État du Michigan, il fallait s'attendre à ce que toutes les industries qui ont pour base la soude progressent et s'aggrandissent.

GRANDE-BRETAGNE

Les maisons qui s'occupent de la fabrication des savons et des bougies stéariques ou de paraffine dans le Royaume-Uni se distinguent par une organisation technique et commerciale remarquable, par une production colossale et par une puissance que peu de maisons similaires du continent ont pu atteindre.

Sans doute, chacune d'elles croit avoir été la première à imaginer ou employer tel ou tel procédé, à fabriquer tel produit fourni de longue date par d'autres établissements; chacune encore se figure être en possession de la première manufacture du monde; mais il n'en est pas moins vrai que, si l'on fait la part de cette sorte de bluff dont ils sont coutumiers, et de la prodigieuse réclame qu'ils font autour de leurs produits, il faut reconnaître que nos voisins d'outre Manche voient grand, et savent faire converger vers un but utilitaire toutes les ressources que leur procurent un trafic bien organisé et la connaissance des principales sources de matières premières.

Plus que tout autre, le peuple anglais perçoit nettement que les conditions techniques commerciales sont telles que les entreprises industrielles, comme les exploitations agricoles, demandent, pour fournir des résultats rémunérateurs, à être conçues largement et à être dirigées avec un grand discernement et beaucoup d'esprit de suite.

La savonnerie et la stéarinerie anglaise procèdent des industries similaires françaises. Si en Grande-Bretagne la fabrication des bougies stéariques a été inspirée par les travaux de Chevreul et les succès industriels d'un de Milly, c'est à l'Angleterre que paraît revenir le mérite d'avoir su tirer parti de l'ozokérite et d'avoir créé l'industrie des bougies de paraffine.

La savonnerie est en plein progrès, puisque les produits vendus à l'étranger ont presque doublé depuis 1892. Quant à la stéarinerie, elle semble plutôt stationnaire.

ITALIE

Il semble que l'industrie de la savonnerie n'eut réellement d'importance en Italie qu'à partir du xii° siècle et qu'elle n'arriva à son complet épanouissement qu'au xvi° et au xvii° siècle, époque à laquelle Marseille commença à entrer en lice et à disputer à Savone, Gênes et Alicante le monopole de cette industrie.

On raconte même que le secret de la fabrication a été apporté à Marseille par des ouvriers génois et que le développement progressif de cette industrie excita bientôt les inquiétudes de la république de Gênes. Cette dernière, attribuant la décadence de ses produits aux fraudes commises par certains de ses fabricants, prescrivit une surveillance étroite et fit même brûler sur la place publique de grandes quantités de produits de mauvaise qualité. Surveillance et mesures de rigueur furent également inutiles. Le développement de l'industrie marseillaise ne fit que s'accroître et sa suprématie s'établit rapi-

‑dement. Aussi la savonnerie génoise ne fit‑elle que décliner pour disparaître pour ainsi dire complètement. Dans la première moitié du XIX⁰ siècle, l'Italie tirait, en effet, la plus grande partie de son savon de l'étranger, et en particu‑lier de Marseille.

L'industrie du savon est de nouveau en hon‑neur en Italie, et elle ne manquera pas de s'y développer, tant est vif le désir des Italiens de s'affranchir de plus en plus des importations étrangères. Ils **possèdent**, d'ailleurs, en abon‑dance une matière première, l'huile d'olive, qui se prête à la fabrication des savons les plus fins et les plus appréciés pour la toilette et l'indus‑trie de la soie.

La stéarinerie, la fabrication des bougies et cierges en cire et en acide stéarique, celle des huiles acquièrent également de jour en jour plus d'importance.

RUSSIE

Si, parmi les nations productrices, au point de vue spécial de la stéarinerie et de la savon‑nerie, la Russie est une des dernières qui fût entrée en lice, il ne faut pas se dissimuler qu'elle a su s'organiser grandement et mettre à profit tous les progrès qui ont été réalisés par les industriels des autres nations. On peut même dire que par l'installation de laboratoires scientifiques annexés à quelques-uns de ses établissements, et par l'appel que ces établissements ont fait aux lumières des hommes de science des universités russes, ils ont singulièrement devancé la plupart des autres nations européennes. C'est en vain qu'on chercherait, en effet, un établissement quelconque soit sur le continent, soit ailleurs, dans lequel on ait pris à tâche de contribuer, par des recherches purement scientifiques et désintéressées, à la connaissance des corps gras.

————

TABLE ALPHABÉTIQUE

TABLE DES MATIÈRES.

TABLE DES MATIÈRES

FIN DE LA TABLE DES MATIÈRES

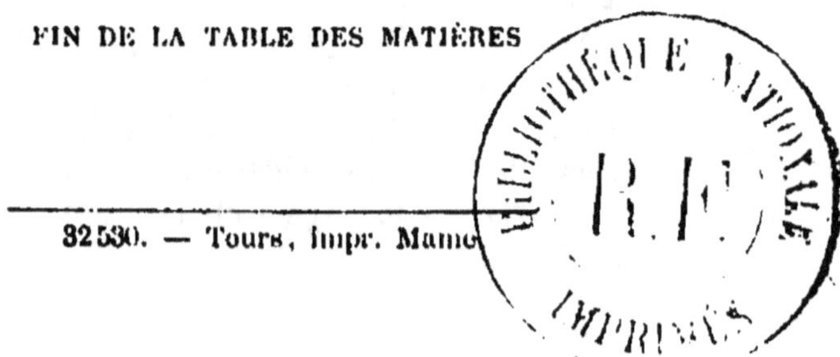

32530. — Tours, impr. Mame